# 笑顔あふれるエコ・タウンの創造

実験プロジェクトEco-Viikki

宇治川正人・吉崎恵子 共著

# 目次

## 第7章　エコ・ヴィーッキの意義

# 序　文

ヘルシンキの中心部から北へ八キロメートル、のどかな田園風景の中に、フィンランド初の本格的なエコ団地―エコ・ヴィーッキがある。二三ヘクタールの広さに一七〇〇人が住む。ヘルシンキ市の都市計画局や国の環境省の肝煎りで、周到に計画され、二〇〇三年から居住が始まった。

二〇世紀の後半になって、エコロジーや持続可能性が人々の関心の対象となった背景には、大量のエネルギーや物質の消費に依存し始めた現代社会が、このままでは破綻するという危機感がある。地球環境問題はそれに拍車をかけ、地球温暖化を防ぐために省エネルギーや省資源が喫緊の課題と考えられるようになった。エネルギーや資源を効率的に利用するシステムや環境負荷を生じない再生エネルギーの開発が重要と考えられるようになった。しかし、一方では、そのような技術的な開発だけで解決できる問題ではないとも、多くの人が考えるようになった。大量のエネルギーや物質の消費に依存する社会の在り方、ライフスタイルが根本的な問題ではないかと考え始めたのだ。そこでは、追求すべき未来のライフスタイルや住まいはどのようなものかビジョンが問われる。

エコ・ヴィーッキの周到な計画は、そのビジョンをつくることから始まった。一九九四年にはまず、地域と規模を設定してアイデアコンペを行った。そこで求められたのは近未来の生活のビジョンであり、そのための自然と人間の関係の在り方だった。九〇を超す提案から選ばれたコンセプトはのちに「グリーン・フィンガーズ」と呼ばれるようになるマスタープランで、これをもとに次の段階では、近隣住区の設計コンペが実施された。完成までのプロセスを、材料・工法を含めて、様々な専門家がチームをつくって提案する方式で、六つのチームが選ばれている。

一方、専門家による独自のエコロジカル・クライテリア（エコ設計基準）の作成が始まる。また、住民となる人々の計画への参加の仕方が模索される。このようなプロセスを経て、一九九九年から始まった工事は二〇〇三年に終了し、居住が始まった。と同時に、エネルギー消費のモニタリング調査や住人に対するアンケート調査が始められている。

著者の宇治川氏は、現地に赴き、多くの関係者に会い、膨大な資料を集め、エコ・ヴィーッキの計画から実現に至るまでの経緯を調べ、この本にまとめられた。大手ゼネコンの研究畑で長年にわたって培われた知識と手腕が存分に発揮された、緻密な報告書である。首都とはいえ、人口六〇万人のヘルシンキ、地域の自然や文化をきめ細かにとらえ、実現に至った手づくりのような計画プロセスは、地域の活性化を考える我が国の専門家にとっても貴重な資料となるだろう。3・11以後、復興のためのビジョンが求められている今、エコ・ヴィーッキに学ぶところは多い。

二〇一三年三月

神戸芸術工科大学大学院 環境・建築デザイン学科 教授　小玉祐一郎
日本建築学会 地球環境委員会 委員長（二〇一一～二〇一二年度）

# まえがき

北欧のフィンランドの首都ヘルシンキ、その中心部から北東に八キロメートル離れた地点に「エコ・ヴィーッキ」と呼ばれる住宅地がある。その住宅地は、エコロジカルでサスティナブルな住宅を作る技術を確立するために、一九九四年からフィンランド政府環境省とヘルシンキ市都市計画局が中心となって開発し、二〇〇三年に完成した。八〇三戸の住宅があり、およそ一七〇〇人が暮らしている。

筆者は、このプロジェクトの存在を国土交通省の方から教えていただき、集合住宅の技術開発を進める社団法人新都市ハウジング協会の広報誌ANUHTの編集に携わっていた二〇〇〇年の秋に、概要を同誌に紹介した。当時、国内に関連文献は皆無であった。資料を調べているうちに、エコロジーの原点に対する真摯な検討とそれに基づいた住環境のクライテリア（基準）の作成、計画段階と設計段階に行われた二回のコンペティション、「グリーンフィンガーズ」という計画概念、綿密なモニタリング調査の実施など、プロジェクトの様々な側面に感銘を受けた。

そこで、このプロジェクトのことを詳しく調べようと思い、幸い、フィンランド政府環境省やヘルシンキ市都市計画局の協力が得られたので、翌年に現地の踏査および関係者のインタビュー調査を実施した。

足を踏み入れてみると、実際の住宅地は市民農園と住宅地が合体したようなユニークな住宅地であった。住宅は低層のテラスハウスと中層の集合住宅を主体としており、一つの住区の中のデザインは統一されているが、全体としてはバリエーションに富んでいる。また、周辺には公園や農場が広がり、緑豊かな環境の中で、ピクニックやサイクリング、農園での耕作を楽しんでいる人々に数多く出会った。居住者層としては比較的若い世代が多く、乳母車を押したり、幼児の手を引きながら歩いている人々を多数見かけた。それらの人々から話を聞いてみると、誰もが住環境には大変満足していた。エコロジーの追究が笑顔あふれる楽園の実現に結びついたことは意外だった。

このプロジェクトを担当したリーダーたちは、未経験の新しい領域のプロジェクトに対し、従来のプロジェクトの進め方を白紙に戻し、自分たちでそれを組み立てていった。いきなり汚染物質の排出量や省エネルギー性能を検討するのではなく、多くの頭脳を結集させながら、エコロジー社会とは何かを問うことから始め、そのエコロジー社会を作る手段としての住宅のあるべき姿を追い求めた。筆者は、それこそがエコロジカルな実験的住宅開発プロジェクトを楽園の建設たらしめた最大の要因ではなかったかと考えている。

本書は、この町をどのように作ったのか、できあがったのはどんな町なのか、なぜエコロジーが笑顔につながるのかということを主題にとりまとめたものである。

本書の構成は、準備から、計画・設計・建設、入居とモニタリング調査へとプロジェクトの時間軸に沿わせた。その内容は、地球環境問題、都市計画、建築計画、設備設計、構造力学、居住者心理など非常に広範な領域に関わっている。関連する資料を前に、筆者の能力の限界を幾度となく感じさせられた。それでも本書を完成させることができたのは、プロジェクトに関わった多くの方々と、エコ・ヴィーッキの居住者の目の輝きに励まされたからである。

ヘルシンキ市都市計画局に勤務されている吉崎恵子さんには、インタビュー調査の人物の推薦や日程調整まで幅広くご支援いただいた。また、一九九七年に開催された「ヘルシンキ／森と生きる都市　日本フィンランド都市セミナー　次世代に贈るまちづくり」のために彼女が執筆した「ヘルシンキ市都市計画の仕組み」を改訂してくださり、本書の内容についても多くの助言をいただいた。

文明史上、異種文化の出会いは新しい文化を育んできた。「森の民」と呼ばれ、自然との関わりを重視するフィンランドの人々の経験や知識と、その建築やプロジェクトに対する姿勢は、日本の建築や住宅計画にも刺激を与え、地球時代の新しい住環境の創造に資するに違いない。

二〇一二年一〇月
宇治川正人

# 第1章　エコ・コミュニティプロジェクト

ナナカマド（ハンヌ・サルバンネ画）　落葉小高木。春につぼみが膨らみ、初夏、枝先に白色五弁の小花が群がって咲き、晩秋、球形の赤い小果実が熟す。

# 1 サステイナブルデベロップメント

## ▼環境問題と北欧

ノルウェーで最初の女性首相となったグロ・ブルントラント女史が委員長を務めた国連の「環境と開発に関する世界委員会」が一九八七年に「われら共有の未来」（Our Common Future）と題した報告書を国連総会に提出し、その中心的な概念として「サスティナブルデベロップメント（持続可能な開発）」を公表して以来、都市計画や建築の分野でも、エコロジカルであること、サスティナブルであることが重要な目標だという認識が浸透していった。この「環境と開発に関する世界委員会」は、一九八二年にナイロビで開催された国連環境計画管理理事会特別会合で、日本政府が二一世紀における地球環境の理想の模索と、その実現に向けた戦略策定を任務とする特別委員会を設置することを提案し、これを受けて国連総会で承認されたもので、一二名の委員から構成された賢人会議であった。

当時、その委員会の委員長に元首相を送り込んだノルウェーだけでなく、北欧諸国やドイツは地球環境に対する関心が強く、「サスティナブルデベロップメント」の潮流をリードしていた。なぜ北ヨーロッパでは地球環境問題に熱心だったのだろうかと思い、ブルントラント女史の経歴を調べてみた。

グロ・ハーレム・ブルントラントは、一九三九年に、医師で後に政治家となるノルウェー人グドムン・ハーレムと、スウェーデン人の母の長女として、ストックホルムで生を受けた。彼女も医師を志し、オスロ大学医学部に入学し、社会との関連が深い公衆衛生学を専攻した。学生結婚をして、卒業後に夫の米国留学に伴って、ハーバード大学へ留学する。当時、消費者問題で有名だったラルフ・ネーダー氏がその関心を環境問題に移し、学生の間でも環境問題に対する関心が非常に高まっていた時期だったそうだ。彼女は帰国後、医師となるが、政治活動にも積極的にかかわり、一九七四年に、国会議員でないにもかかわらず環境相に就任する。そして、任期中の一九七六年に英国の大気汚染による酸性雨が国際問題化し、一九七七年には北海油田の事故で海洋汚染の問題が起きた。環境問題は、その影響も対策も、国際的な議論と合意を必要とする地球的な問題となっていた。やがて彼女は一九八一年二月に女性初のノルウェー首相に就任するが、与党の労働党が選挙で保守党に敗れ、一〇月に退任してしまう。労働党は四年後、一九八五年の総選挙で勝利し、彼女は首相に返り咲くのだが、「環境と開発に関する世界委員会」の委員長となったのは労働党が野に下っていた時期であった。環境問題に国際的な視点から取り組んでいた時期に、彼女は、熱帯雨林の伐採をはじめ環境問題は貧困問題でもあること、貧困問題は人口増加、疫病など保健衛生の問題と切り離せない問題であることが心に刻まれたそうだ。二度目の首相は一九八九年の総選挙で敗北して退陣するが、間もなく三度目の首相に復活した。その後、一九九八年に世界保健機関（WHO）の事務局長となる。

「サスティナブルデベロップメント」は、一九九二年にリオ・デ・ジャネイロで開催された「環境と開発に関する国際連合会議」（通称：地球環境サミット）で世界共通語となり、さらに大きな流れとなった。

## ▼第五次環境行動計画

一九六五年に調印されたブリュッセル条約によって生まれたEC（欧州共同体）は、一九九二年のマーストリヒト条約の調印によってEU（欧州連合）へと歩みを進めた。ECの時代から、環境の分野でも国際的な協力活動が活発であった。

一九七三年にECは環境に関する政策・目標を示す「環境行動計画」を策定し、以後、一九七七年、一九八二年、一九八七年に第二次、第三次、第四次環境行動計画を策定した。当時は大気汚染防止など規制的措置が主体であったが、地球温暖化問題の登場によって、一九九二年から二〇〇〇年までの第五次環境行動計画ではサスティナブルデベロップメントの考え方を取り入れ、環境政策も都市開発など他の分野と統合して検討を行うアプローチが取られるようになった。その一環として「サスティナブルシティ」というテーマが浮上し、EU内での共同研究が始まった。

## ▼建築の目的

フィンランドでは一九九〇年に「建築法」が改正され、その第一章・総則の第一条に、「土地は、天然資源と持続可能な開発が守られる方法で計画され、または設計されねばならない。」と、建築物の目的は「持続可能な開発」を行うことであることが明記された。都市計画や建築の分野の多数の人々の関心と努力が「持続可能な開発」に向かうように方向付けられたのである。

因みに、日本の建築基準法の第一章・総則の第一条（目的）では、「この法律は、建築物の敷地、構造、設備及び用途に関する最低の基準を定めて、国民の生命、健康及び財産の保護を図り、もつて公共の福祉の増進に資することを目的とする。」と記している。

「建築法」の改正を契機として、実際に「持続可能な開発」が何を必要とするかを確認するために、都市計画と建築の分野で様々な調査研究が始まった。ところで、フィンランド政府には国土交通省や建設省という省は無い。その代わり、環境省には自然環境（natural environment）局と構築環境（built environment）局の二局があり、都市計画や建築行政は後者が担当している。研究開発に対しては、教育省所管のフィンランドアカデミーと労働経済産業省所管の技術庁（ＴＥＫＥＳ）が主体となって、研究開発への補助金や低利子の資金融資などの支援を行っている。

## ▼理論から実践へ

「持続可能な開発」に関する調査研究の成果が出始めると、エコロジー的な考え方を実際の設計と建設を通じて検証し、実用化する必要も生じてきた。そこで、エコロジカルでサスティナブルな住宅を建設するプロジェクトを作ることが環境省とフィンランド建築家協会（ＳＡＦＡ）の間で検討され、一九九三年の終わりに「エコ・コミュニティプロジェクト」がスタートした。このプロジェクトは、フィンランド建築家協会の作業部会と種々の利益団体の代表者から構成されたマネジメントチームによって運営された（図1－1）。また、そのロゴマークも制定された（図1－2）。

話が横道にそれるが、東京ディズニーランドの開園と事業的成功は一九八〇年代にテーマパークの建設ブームをもたらした。実際に某テーマパーク開発のプロジェクトで米国の設計チームと協業した私の友人Ｙ氏によると、建設する施設の大枠が決まると、米国のデザイナーたちは真っ先に施設全体と各施設のロゴマークのデザインを決めるのだそうだ。ロゴマークは、その対象物の目標や性格、イメージ的なものを視覚化したもので、言わばビジョンを「見える化」した知的成果物である。ルーチンワーク的な作業で占められている業務やプロジェクトでは不要だろうが、新しいもの、挑戦的な仕事では、ロゴマークはメンバーの力を合わせる「羅針盤」の役割を担う。また、ロゴマークを決定するには、プロジェクトのリーダーたちが目標やビジョンについて意見を戦わせ、お互いに理解を深めねばならない。その摺り合わせのプロセスを持つことにも大きな意義がある。

### ▼対象地決定

エコ・コミュニティプロジェクトは、新しく住宅地を開発するケース、既存の住宅地を改修・再生させるケース、二つ

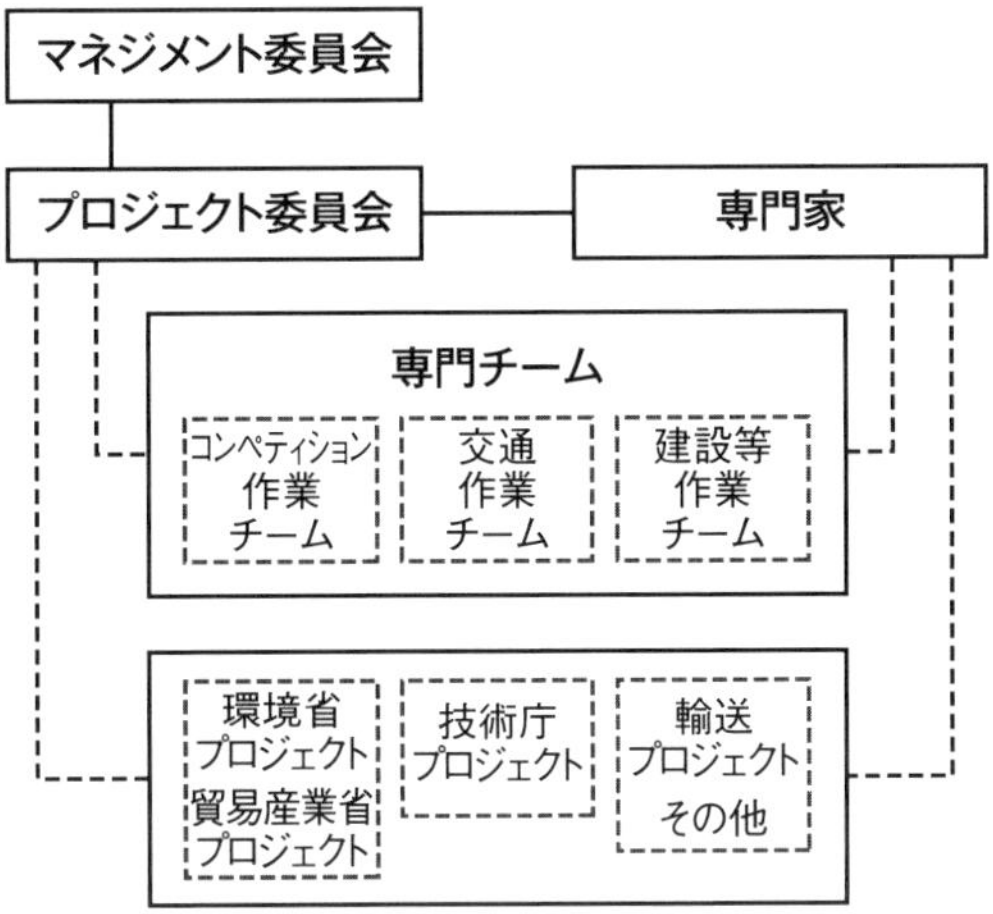


図 1-1　エコ・コミュニティプロジェクト組織図

図 1-2　エコ・コミュニティプロジェクトのロゴマーク

のケースを実施することになった。

一九九四年一月、フィンランドのいくつかの地方自治体に、エコロジーに関する実験的な建築プロジェクトへの参加を尋ねる文書が送られた。新しく住宅地を開発するケースには、国内の一六の区域が応募すると返答し、それらの中で、交通の便、面積、実行時期などプロジェクトの基準を最もよく満たした四地域、ヘルシンキ市のヴィーッキ、エスプー市のレパバアラ、ヤルベンパー市のアイノラ、ツースラのアンティッラが候補となった。さらに検討が重ねられ、既存の公共的な施設に接しており、公共交通機関によって容易にアクセスできること、対象地域の都市計画はまだ比較的早い段階にあり、エコロジーや他の活動も着手されておらず、そのこともエコ・コミュニティプロジェクトの目的達成に役立つと考えられることなどから、ヴィーッキに決定した。一九九四年八月であった。なお、既存住宅の再生のために選ばれた区域は、ヴァーサ市郊外のリスティヌミであった。

## 2 ヘルシンキ市ヴィーッキ地区

### ▼ヴィーッキ地区

ヴィーッキ地区は、ヘルシンキ市の都心部からは約八キロ離れた位置にある。ヘルシンキ市の衛星都市であるエスポー市やヴァンター市などに比べると、はるかに距離的には近いが、ヘルシンキ市の市域に深く入り込んでいるヴァンハカウプンキ湾に接した場所で、市街化から取り残されていた地域であった。

一九三〇年代にヘルシンキ大学の実験農場が作られ、戦後、それに隣接した場所に農学部と林学部が設けられた。ヴァンハカウプンキ湾には野鳥が多数飛来し、ラムサール条約の登録湿地もあり、自然保護区が定められている。ヘルシンキ市民にはバードウオッチングの場所として知られている。

地形的には、森林に覆われた岩だらけの地層露出部が点在する広い平原で、南端部はヴァンハカウプンキ湾のその湿地であり、西の境界はその湾に流れ込むヴァンター川に接している。

西北部には都心からフィンランドの北東部に伸びるラーデンバイラ高速道路が通り、東北部は環状の高速道路が囲み、北の先には二つの高速道路のジャンクションがある。

ヴィーッキ地区は、中央部のヘルシンキ大学のキャンパスとバイオテクノロジー関連分野の企業集積を目指したサイエンスパーク副地区、住宅地を主体とする西側のヴィーッキンマキ副地区とヴィーッキンランタ副地区、および東側のラトカルタノ副地区の四副地区から構成されている。エコ・コミュニティプロジェクトの計画地は、全体が五期に分けられたラトカルタノ副地区の開発のうち、その第二期開発の区域と設定された。

## ▼ヘルシンキ市の都市計画

フィンランドでは、地域土地利用計画(regional land use plan)、ローカルマスタープラン(local master plan)、ローカルディテイルプラン（local detailed plan）という三層の都市計画がある。地域土地利用計画は、政府が国土の土地利用の目標を決定するもので、ローカルマスタープランは、地方自治体が一般的な土地利用を調整し、誘導する役割を担う。ローカルディテイルプランはタウンプランとも呼ばれ、建築物や街の物理的景観の形成を規定する。

ヴィーッキのローカルマスタープランの策定は、一九八九年から始められていた。ヘルシンキ大学の生物学とバイオ工学の研究施設の建設が予定されていたため、それらの大学施設周辺はサイエンスパークとして整備し、そこに通う人々やヘルシンキの都心部で働く人たちを対象とした新しい住宅地域を建設することが出発点であった。将来的には、ヴィーッキ地区全体で、人口一万三千人分の住宅と六千人分の仕事場の確保が想定された。

また、フィンランドでは一九九四年に環境アセスメント法が制定され、ヴィーッキは最初の適用例となった。土地利用や建物建設とエコロジーについて活発に公的な検討が行われた。自然保護区域だけでなく、ヘルシンキ大学のバイオ工学科や環境科学科が存在するため、ヴィーッキでは環境に配慮した建設を行いうるのではないかという期待も寄せられた。そして、提案された居住人口がこの区域の自然価値に影響を与えかねないという意見や、建築物が建設される区域が自然保護区域に近すぎるという意見があり、建物を建設する区域を保護区域から離すよう勧告された。ローカルマスタープランは一九九五

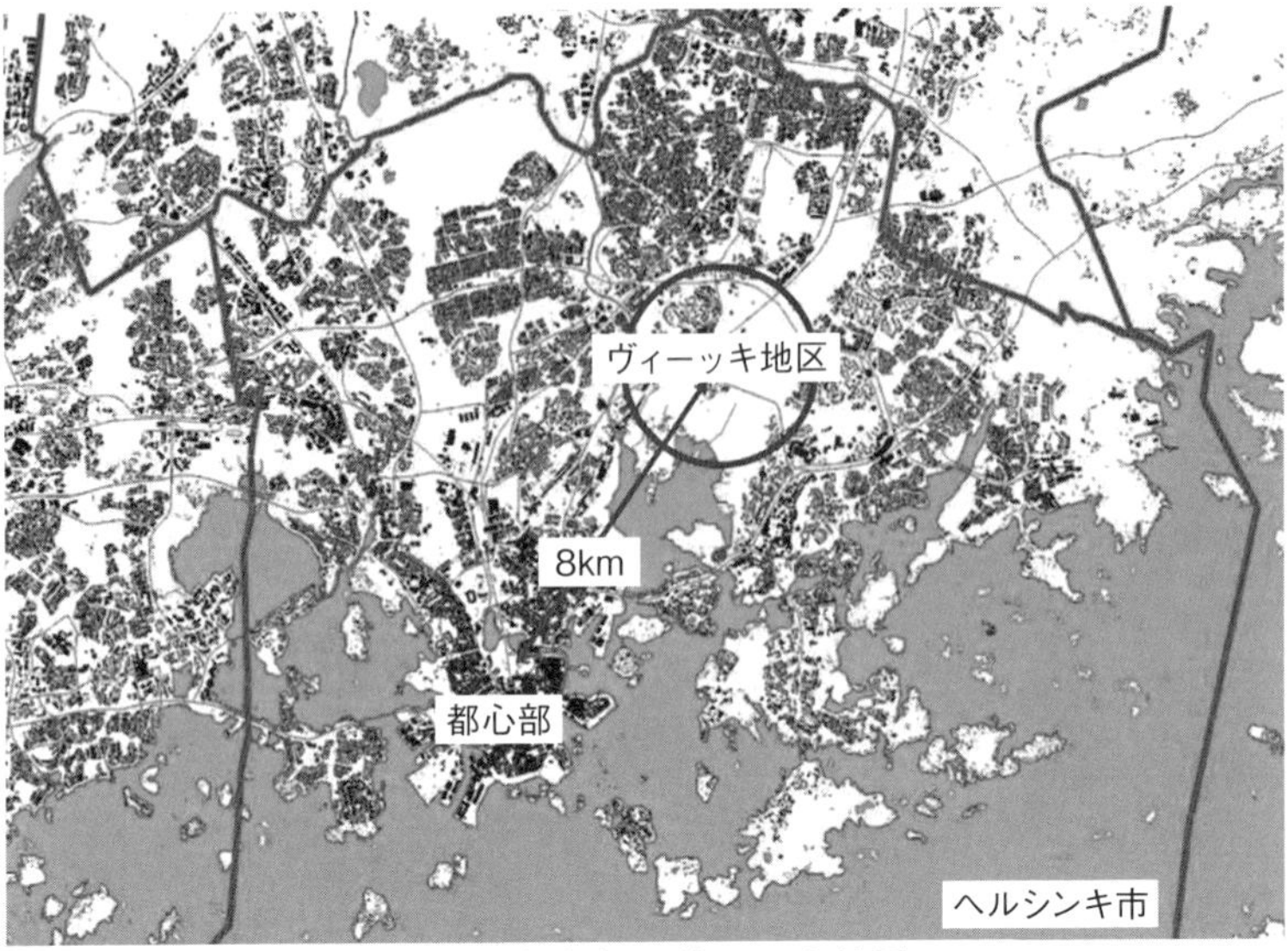

図1-3　都心部とヴィーッキ地区

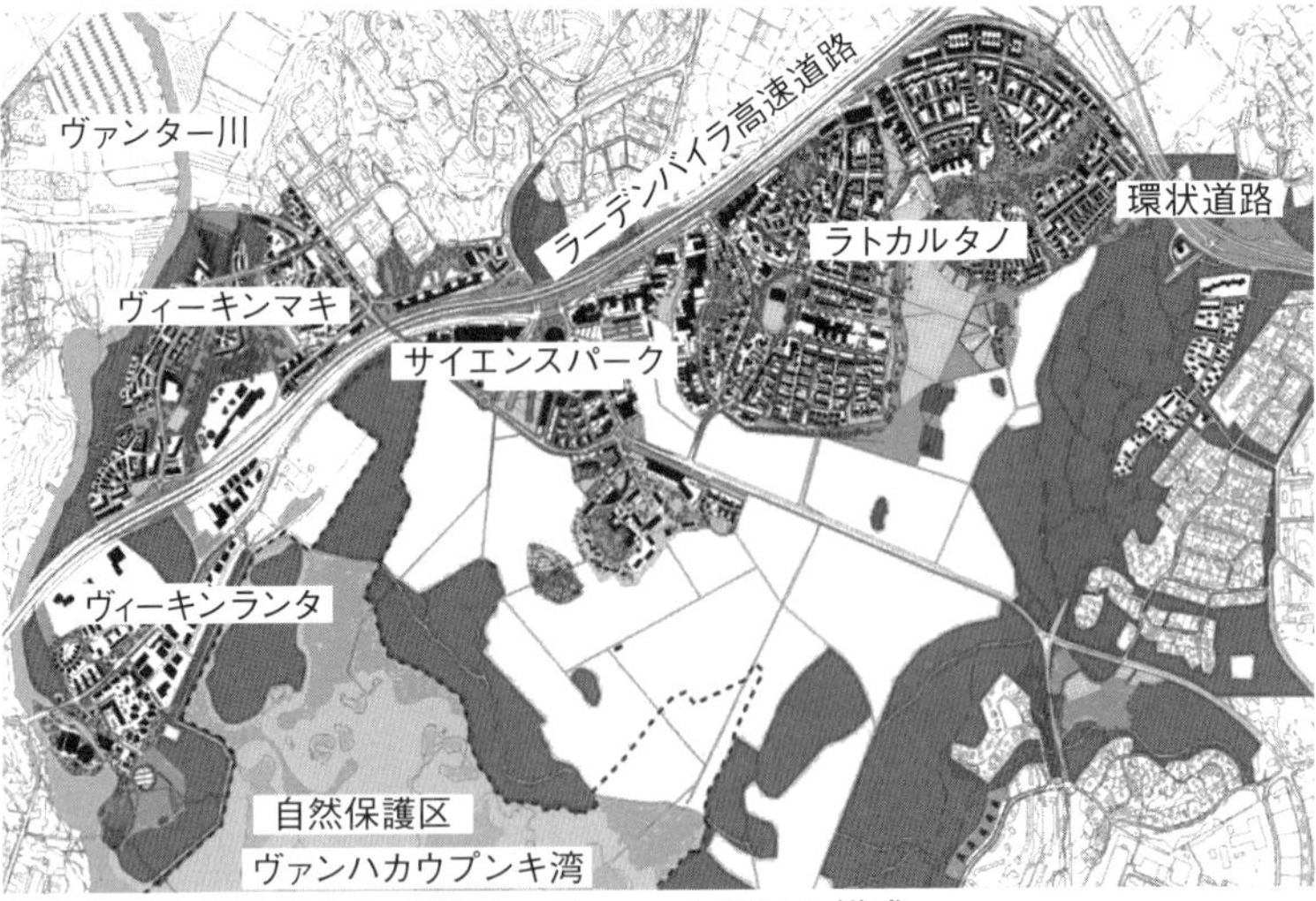

図1-4　ヴィーッキ地区の構成

年春に承認された。

## ▼ヘルシンキ市の気候

北欧三国の首都、オスロ（ノルウェー）、ストックホルム（スウェーデン）、ヘルシンキ（フィンランド）はいずれも北緯六〇度近辺に位置するが、ヘルシンキが最も緯度が高く、EUの中でも最北の首都である。緯度はモスクワやサンクトペテルブルクよりも高い。しかし、北大西洋海流が流れ込むバルト海に面しているため、その緯度の割に気候は穏やかである。

ヘルシンキと、北緯四三度四六分の北海道の旭川市とを比べると、人口は旭川市の一・六倍、面積は九二％である。気候的には、冬季の気温はヘルシンキの方が旭川市より若干高い。降雨量の季節的な変化のパターンはよく似ており、年間降雨量は六四二ミリと一〇七四ミリで、旭川市の約六割である。なお、年間降雪量は三九センチと七五六センチで、旭川市の約五％しかない。

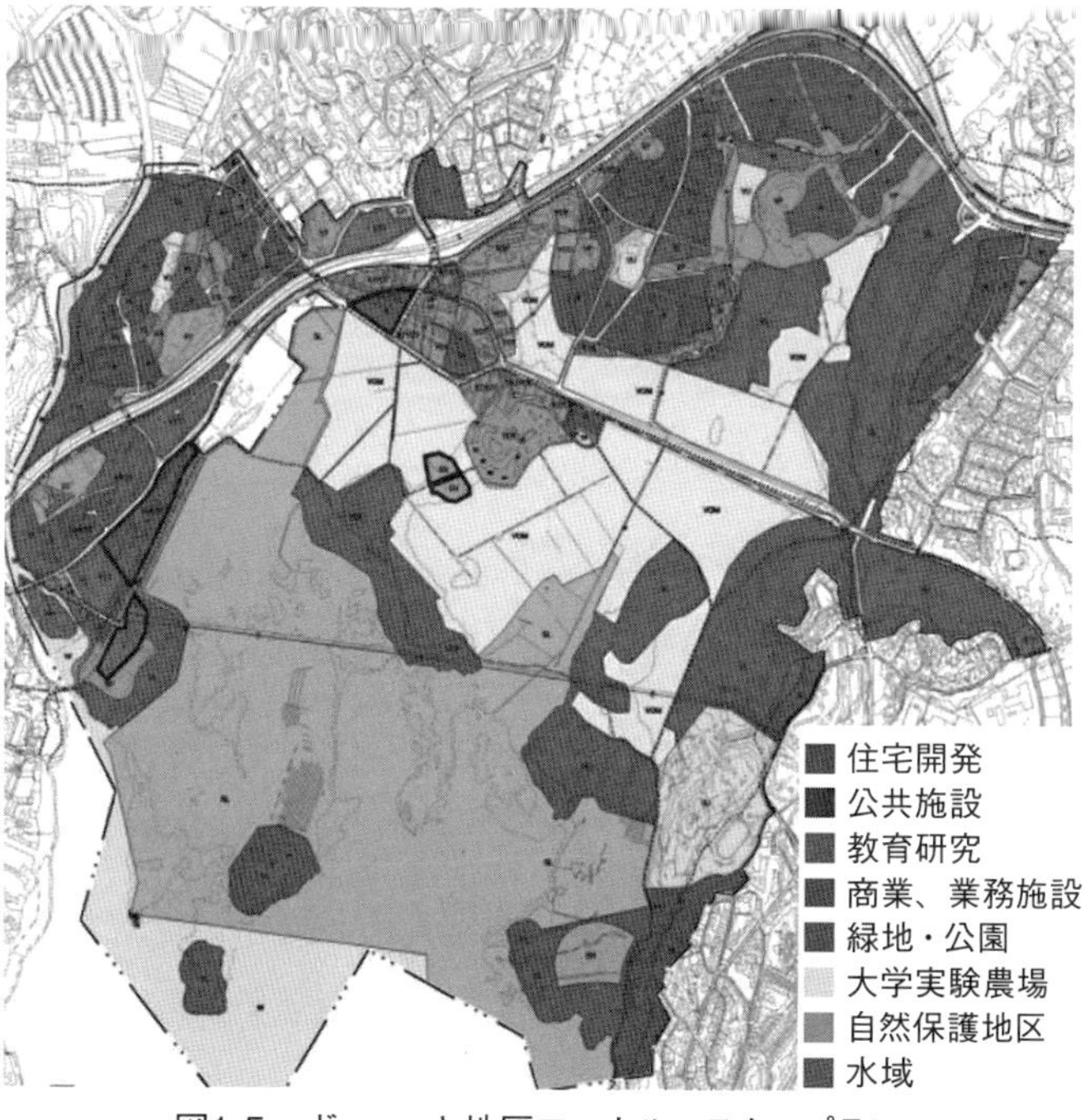


図1-5　ヴィーッキ地区ローカルマスタープラン

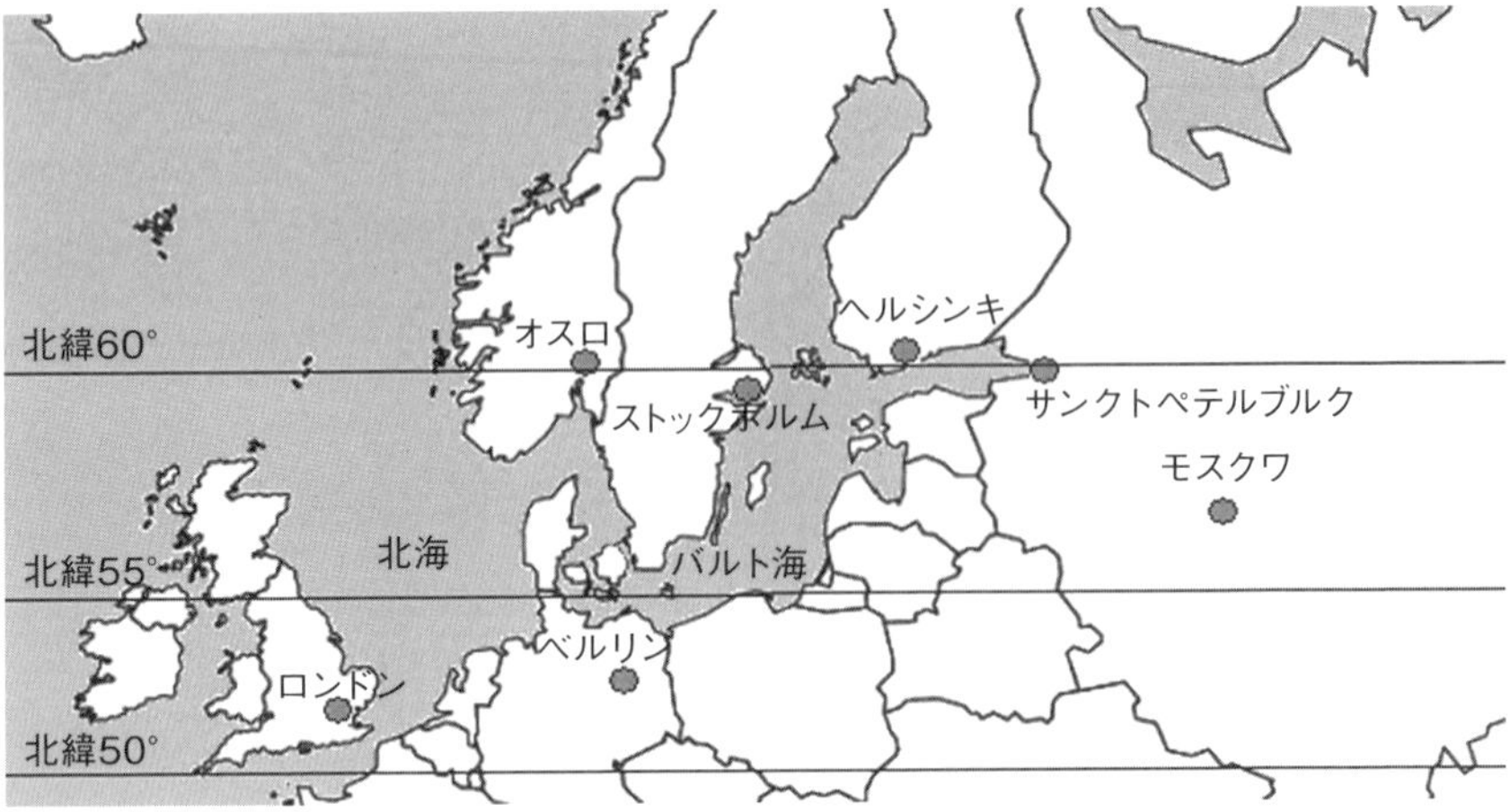

図1-6　北ヨーロッパの諸都市の位置

**ヘルシンキ市**
緯度：北緯60° 10′
人口：56.5万人
面積：686km²

**旭川市**
緯度：北緯43° 46′
人口：35万人
面積：747.6km²

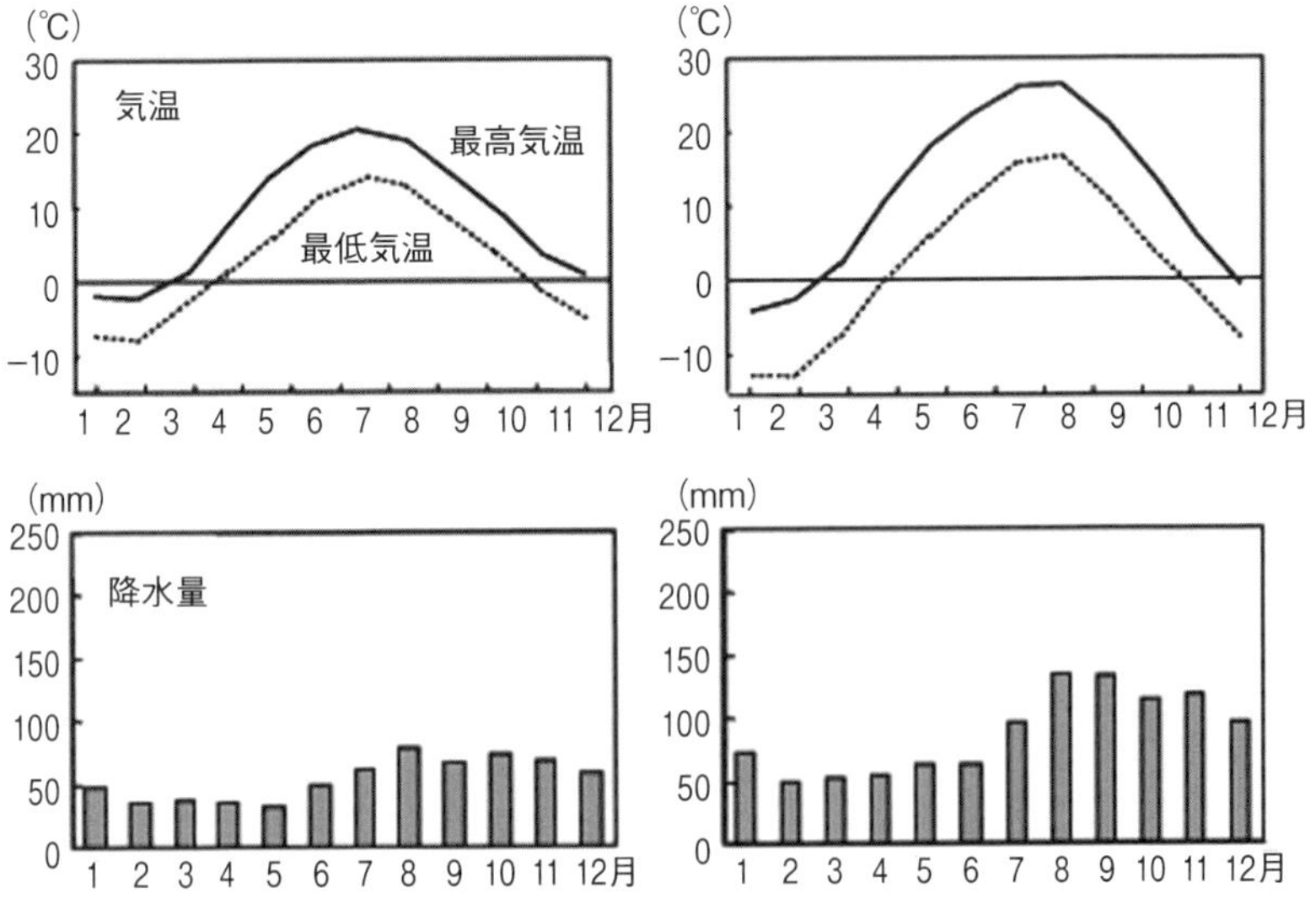

図1-7　ヘルシンキ市と旭川市の気候の比較

## 3 エコ・コミュニティプロジェクト始動

一九九四年の初めにフィンランド技術庁（TEKES）がプロジェクトに合流した。技術庁は、エコ・コミュニティプロジェクトを、建築の環境技術開発計画に位置づけた。この技術開発計画は、エコロジー的な考え方を実用化することを目的とするものであった。

エコ・コミュニティプロジェクトの最も重要な目的は、持続可能な都市の住環境を、総合的に研究し、実現することである。議論、セミナーと設計競技会（コンペティション）が、多分野を動員した共同作業として、また学習機会として機能するように計画された。

一九九四年一月に開催されたセミナーで、国会議員のエーロ・パロハイモ氏は「エコロジー社会の基準」について次のように述べた。

> **エコロジー社会の基準**
>
> エコロジー社会では、物質は可能な限り循環し、自然は保全される。エネルギーは、例えば太陽や風力など、再生可能なものから得る。自動車の必要性は最小化され、新しい輸送形態が開発される。地域社会が共同体として機能する最適な人口は、およそ一五〇〇人である。分散的に配置された建物を、耕作地と緑地が回廊のように取り囲む。人々は、この区域に住み、この区域で働く。商品や食品とサービスは地域内で作り出され、輸送量は最小化される。現代の技術が、エネルギー生産だけでなく、情報と材料の移動に使われる。

物質の循環や再生可能エネルギーの利用、輸送量の削減は、エコロジーやサスティナビリティに関する日本国内での議論でも必ず登場する項目であるが、地域社会の規模（コミュニティサイズ）や住空間と緑（植生）との関連を重要な項目として位置付けている点は注目される。この二点は、エコ・ヴィーッキでの住宅の計画や設計においても大きな影響を及ぼしている。

なお、エーロ・パロハイモ氏は建築家であり、一九八七年から一九九五年にかけて緑の党の代表者として国会議員であった。その任期の最後の二年間には、委員長として「未来に関する議会委員会」を主催した。一九九五年から五年間は、ヘルシンキ工科大学で木造建築の教授を務めた。二〇〇七年から、フィンランドや中国でエコシティのプロジェクトを担当している。

### ▼トロイカ

ヘルシンキ市とフィンランド政府環境省が作成したプロジェクトの報告書（以下、「プロジェクト報告書」と略記）は、エコ・ヴィーッキのプロジェクトをアクティブに推進した人物として、ヘイッキ・リンネ（ヘルシンキ市経済計画センター）、アイラ・コルピヴァーラ（環境省）、リーッタ・ヤルカネン（ヘルシンキ市都市計画局）の三名を紹介している。筆者は二〇一一年六月に、この三名の方にお会いしてお話を伺った。

エコ・ヴィーッキの開発に際して、運営委員会（エクゼクティブグループ）と推進委員会（プロジェクトグループ）の二つの委員会が設けられたが、ヘルシンキ市経済計画センター開発部門プロジェクトマネージャーのヘイッキ・リンネ氏は、当初から、その二つの委員会の委員であった。

**Q　どうして北欧の方は、九〇年代から地球環境の問題に熱心なのでしょうか？**

A　一つの理由は、冷涼な気候にあると思います。大昔から人々はできるだけエネルギーを節約して暮らしてきました。また、我々は自然と共に暮らしてきました。夏は自然の中の小屋や屋外で長い時間を過ごします。

環境問題に対する国際的な関心は、ヨーロッパでは、一九八〇年代にノルウェー首相だったブルントランド女史が委員長だった国連の委員会の頃から高まり、都市計画の分野でもサスティナブルな開発が取り上げられました。その結果、北欧ではエコ・ヴィーッキやスウェーデンのハンマルビー・ショースタッド、中央ヨーロッパでもいくつかのパイロットプロジェクトがスタートしたのです。

**Q　あなたは、実際にはプロジェクトにどのように関わったのですか？**

A　エコ・ヴィーッキプロジェクトには初期段階から参加し、開発が終了した現在もプロジェクトのマネージャーを担当しています。このプロジェクトでは、プロジェクト自体の進め方などもデザインすることができ、私にとっても大変に面白かったプロジェクトでした。プロジェクトが完成した今では、大変に満足しています。

写真1-1　ヘイッキ・リンネ

写真1-2　アイラ・コルピヴァーラ

写真1-3　リーッタ・ヤルカネン

## ▼私たちは理想主義者でしたね

アイラ・コルピヴァーラさんは、インタビューした時点では環境省構築環境局の建築カウンセラーであったが、エコ・ヴィーッキプロジェクトを担当されていた時は首席建築家だった。

**Q　あなたは、このプロジェクトにどう関わったのですか？**

A　エコ・ヴィーッキプロジェクトが始まったとき、私はコンペティションとプロジェクトを進めるために必要な調査の資金調達をしました。

**Q　エコ・ヴィーッキプロジェクトに参加することになった時、最初にどんなことを考えましたか？**

A　その当時、フィンランドには、エコロジーに関する経験はほとんどありませんでした。私たちは大いにエコロジーについて議論しました。その段階で最も重要なことは具体的に何かを作り上げることでした。エコ・ヴィーッキのアイデアは、包括的なスケールで実際にエコロジカルな建物に関する理論を作ることを狙いとしていたのですから。私たちはまた、建築家、プランナー、都市計画者や不動産会社と共に学ぶこと、そして計画のプロセスを根本から変えることを考えていました。私たちは非常に理想主義的でしたね。

**Q　最も難しい問題は何でしたか？**

A　私は、最も難しいことは建築の質を確保することであったと思います。私たちは、エコロジーというものが、建築に、目に見える変化をもたらすことを望んでいました。しかしそれは易しいことではありません。エコロジーと建築、そして他のすべてのものを結びつけることは非常に難しいことでした。そして、コンペティションの結果も満足のいくものではありませんでした。私たちはいつも喜べなかったのです。

もう一つは、みんなが毎日の仕事を変えねばならなかったことだと思います。初めに思っていたよりも、はるかに多くの作業が必要となりました。エコ・ヴィーッキだからといって、例外的に住宅価格が高くてもよいわけではありませんでした。すべての建物の価格は妥当でなければなりません。それを実現するために、デザイナー、建築家とプランナーは、過剰な労働をしなければなりませんでした。私はリーッタ・ヤルカネンとヘイッキ・リンネが最も働いたと思います。

彼らにとっても非常に難しい仕事でした。二人がいなかったらこのプロジェクトは成功しなかったでしょう。

**Q　あなたにとって、エコ・ヴィーッキはどのようなプロジェクトでしたか？**

A　大変に面白いプロジェクトでした。資金は多くなく、重労働でしたが、大変にすてきなプロジェクトであったと思います。とにかく私たちはこのプロジェクトを担当できて非常に幸せでした。そして私たちは大いに学びました。

**▼私たちがお手本を作る**

リーッタ・ヤルカネンさんは、ヘルシンキ市都市計画局タウンプランニング部のプロジェクトマネージャーである。都市計画局タウンプランニング部の彼女のオフィスは、多数の職員が働く大きな部屋の奥の六畳くらいの個室で、まるで日本の大学の教授の研究室のようだった。壁には何枚もの大きな図面が貼られている。

**Q　あなたは、このプロジェクトにどう関わったのですか？**

A　私は一九九二年から二〇〇二年までの一〇年間、ヴィーッキプロジェクトのプロジェクトリーダーでした。私と私のグループは、まずその区域の地区基本計画（ローカルマスタープラン）を、そして地区詳細計画（ローカルディテイルドプラン）を策定しました。

エコ・ヴィーッキのプロジェクトは一九九三年から始まりました。そして、エコ・ヴィーッキがほぼ建設された二〇〇二年に、私は新しいプロジェクトに移りました。

**Q　エコ・ヴィーッキプロジェクトに関わることになった時、最初にどんなことを考えましたか？**

A　それは一五年前のことで、現在とは大変に事情が異なっていました。当時、フィンランドでは、エコロジー問題に対する一般の人々の認識はあまり高くなく、フィンランドにエコロジー都市の事例はありませんでした。私たちは最初から始めなければなりませんでした。エコ・ヴィーッキは先駆的なプロジェクトだったのです。お手本が無いのですから、私たちがそれを作らなければなりませんでした。私は、最も重要な問題は、最初の地区詳細計画のため、またエコロジー建築のために、どのようにしてエコロジカルで持続可能な設計案を作り出すことができるかということであったと思います。そして、その次に、高密度な住宅地において、どのようにエコロジーの質を高めることができるかを見つけることでした。そのプロジェクトで建物と環境に関する新しいアイデアを実現させるために、建設分野（デベロッパーと建設会社）と協働することも不可欠でした。

**Q　最も難しかった問題は何でしたか？**

Ａ　難しかった問題を一つだけ選ぶのは難しいですね。私たちは常に多くの問題を抱えていました。私はエコ・ヴィーッキが先駆的なプロジェクトであったと申し上げましたが、エコロジーの建築に関して知識と経験がほとんどありませんでした。

一つの例として、エコロジカルクライテリアのことをお話ししましょう。私たちはこの区域が高いエコロジーのレベルを保つために､何らかの基準を持っていなくてはならないことを直ぐに悟りました。けれどもその時フィンランドには、そのような基準が無く、ＢＲＥＥＡＭ（英国で作られた建築物の総合的な環境性能評価手法）のような国際的な基準も､この目的に合うとは思われませんでした。私たちは、この区域のための特別な基準であるＰＩＭＷＡＧ（ピンバグ）クライテリアを作成することによって、問題を解決しました。この例はフィンランドの状況を示していると思います。同じく、建設に関わるデベロッパーたちはエコロジー的な建物に関する十分な経験を持っていませんでした。彼らは新しい革新的な技術ソリューションやそれに類することに関するリスクに対し、非常に慎重でした。特に、実験的な建築のために利用可能な特別な資金がわずかしかありませんでした。私たちはフィンランド技術庁と交渉して、デベロッパーが実験的な建築のための資金を得られるようにしました。

それから、ヘルシンキ市は土地のほとんどすべてを所有しており、そしてデベロッパーにそれを与えました。その際に宅地用の区画留保条件が作られ、すべての各区画の住宅計画がエコ・クライテリアの最低レベルを満たすこと、エコロジーの実験的な建築を作ること､そしてモニタリング（追跡調査）に参加しなければならないことが明記されました。市は土地所有者としての権限を行使したのです。

彼女は一九七四年にヘルシンキ工科大学の建築学科を卒業し、ヘルシンキ市の都市計画局に就職したが、ヘルシンキ大学で教鞭をとった経験もある。ヴィーッキ地区開発のプロジェクトリーダーとなったのは、大学を卒業してから一八年後であった。

## 4 ヘルシンキ市の都市計画の仕組み

吉崎恵子　ヘルシンキ市都市計画局

### ▼序言

フィンランドでは、都市計画図がないということは、敷地がないのと同じといえる。そして都市計画図を作成する権利は地方自治体のみにある。このために都市では街づくりを行う専門職のスタッフを抱えている。エコ・ヴィーッキ地区においても、エコロジーを重視した地区を作ろうという企画から、都市計画作成そして実現までの全過程を、ヘルシンキ市のスタッフが行っていった。計画については都市計画局のリーッタ・ヤルカネンが責任を持ち、計画の実施については経済計画センターのヘイッキ・リンネが全体を調整していった。プロジェクトが大きくなれば、それにしたがって各分野の専門家をまじえたプロジェクト・グループが形成される。エコ・ヴィーッヤの場合は、エコロジーを強調したまったく新しい試みだったために、より広範囲の専門家を必要とした。そのために環境省のアイラ・コルピヴァーラが国側の代表としてプロジェクトグループに加わり、エコロジカルクライテリア（エコ基準）作成などのための作業、そして国からの資金確保や法律的なフィードバックを担当していった。

このようにヘルシンキ市では、基本計画や地区詳細計画の作成から、まとまった開発地区の建物の建設まで、市自身が行っている。開発やデザインに対する考え方は一貫しており、調和の取れた町並みが作り出されている。一方、ヴィーッキのエコ実験住宅地の場合、建物自体のデザインについては自由な発想を求めて、ほとんど規制していない。このため色々な建材や技術、デザインが試されており、個々の建物は多様性を見せている。

### ▼計画制度

フィンランドの計画・建築に関する法律では、エコロジーと持続的な開発は、一九九〇年に改正された「建築法」で最初に取り上げられた。二〇〇〇年には「建築法」が「都市計画および建築法」と改名されて、持続的な発展および住民参加が一段と前面に出され強調されている。第一章第一節で、この法の目的は「良い生活環境を創出し、エコロジカルで経済的、社会的および文化的な持続的発展を促進する土地利用と建設が行われるようにすること。それに加えて、誰もが計画の作成段階に参加でき、計画の質、意見交換、専門知識の多様性および情報公開が、高い質で維持されるようにすること」としている。

このような趣旨を持って作成される都市計画は、地域計画、基本計画、地下空間をも含む地区詳細計画、建築・周辺環境計画ガイドラインで成り立っている。このうち基本計画と地区詳細計画は、地方自治体に作成が義務づけられており、法律と同じ強い拘束力を持っているのが特徴だ。基本計画は地区詳細計画を作る上での指針として働き、基本計画しかない地区では、そのまま建築許可を得ることはできない。このため、街づくりには地区詳細計画は欠かせない計画である。ヘルシンキ市の場合、特殊なケースを除いたほとんどの地区が地区詳細計画図で覆われている。

地区詳細計画では、日本の地区計画に比べて指定できる事柄が非常に多い。用途や容積率、建設範囲などについてだけではなく、建物の意匠や植栽、道路空間などについて必要に応じ具体的に定めている。たとえば集合住宅地の場合だと、設けなければならない駐車場の数は、総床面積に応じて必ず指定しなければならない。総床面積の中で共用部分としなければならない床面積率などというものもある。共用部分とは、廊下などだけではなく、地下や屋根裏に設けられる各家庭用の物置、自転車や運動用具の置き場、共用の洗濯室やサウナなどである。また、建材や植栽範囲、塀などについても、同様に細かく指定することができる。

またヘルシンキでは、岩盤の地下空間の開発が進み、土地利用を立体的に考慮する必要が生まれたために、市域全域にわたる地下空間配置計画、いわゆる地下地区計画が作成され、何層にもわたる地下空間の利用や地上の建物との連結を示している。地下地区計画は世界でも初めてのものである。

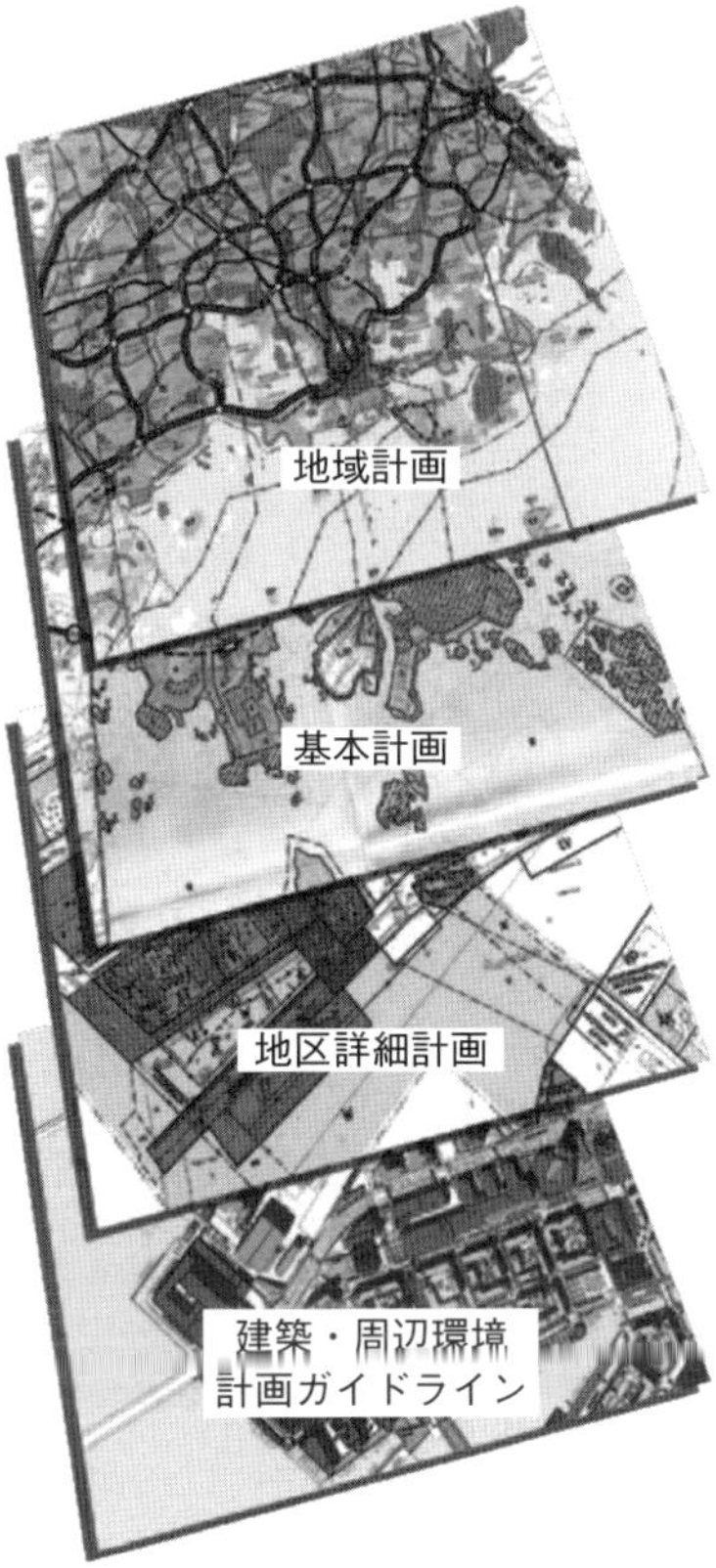


図1-8　都市計画図のヒエラルキー

地区詳細計画で細かな都市の構造や景観の概要が規定されるのであるが、その上に計画ガイドラインがつくられ、より細かな環境整備を促している。これは周辺空間との調和が特に必要な地区に作成されるもので、建物やその周辺空間のデザインの詳細を決めることが目的である。建物の色や敷地内のゴミ置き場の配置やデザイン、ゴミ収集車の収集コース、道路空間の敷石のデザイン、樹木や草花の配置などの細かい事柄までも定めることができる。

こういった詳細に及ぶ都市計画とその実現を可能にしている背景には、市の所有地率の多さがある。これは後に述べることにして、では、こういった多くの規制がある中で、住民たちはどのように計画に参加しているのであろうか。

都市計画作成のプロセスにおいて、住民参加と情報公開の比重は非常に大きい。住民参加については、法律上、最低三つの段階で、住民や関係者の意見を公聴しなければならないことになっているが、ヘルシンキでは、それよりも丁寧に住民と情報を交換する手続きを採っている。まずは、すべての都市計画の予定をまとめた小冊子を毎年、年初めに市の全家庭に配布する。計画を開始する段階になると、その地区の住民および企業などの関係者たちに「計画への参加および環境への影響評価予定書」を送付する。これに対して意見が出される。都市計画草案の作成中に関係者たちとの会議が何回も持たれ、草案が作成された段階で再び関係者たちに通知し、書面での意見聴取を行い、出された意見をまとめて報告書としなければならない。意見調整の会議がまた何回も持たれた後、都市計画案が作成されて、都市計画審議会にかけられる。計画案が承認されたなら、今度は広く行政部局、機関に意見書の提出を請い、同時に住民などの関係者からも再び不服などの申し出を聞く。これらの意見を再び報告書とし、必要とあれば計画を手直しした後に、再び都市計画審議会が、今度は公正に意見などが取り入れられたかを審議する。これを通過すると、市行政委員会が審議し、最終的に市議会が議決し、裁判への上訴がなければ計画決定される。この間、都市計画局のホームページには進行中の計画案なり意見報告書なりが次々に掲載されていき、住民は、計画がどのようなものであり、今どの段階にあるかを、居ながらに簡単に確認することができる。もちろんプロセスのどの段階においてもホームページ上でも、意見を述べることができる。

こういった一般的な住民参加のほかに、各地区には町内会に相当する地区住民会があり、少しでも範囲の大きな計画を行うときには、定期的に計画作成者と地区住民会とが会合を持って、意見を交換しながら計画が進められていく。また、計画する地区の住民あるいは将来の住民と計画サポートグループを組み、アイデアからデザインまでを協働していくケースもある。

▼組織

都市計画のプロセスには広い範囲の専門知識を要するために、ヘルシンキの都市計画局には現在三〇〇人ほどの職員がいる。その中で建築家の数は七〇人ほどである。ヘルシンキの人口は約六〇万人なので、人口に対する都市計画のスタッフ数はかなり多いことになる。ヨーロッパ最大の建築事務所と言われている所以である。都市計画局は基本計画課の入る総合計画部、地区詳細計画部、交通部に分かれている。特徴あるポストとしては、ランドスケープアーキテクトや建築保護を専門とする建築家、リサーチャー、そして住民参加や計画サポートグループを組織する意見交換の専門家、地区や道路に名前をつける委員会の秘書などがある。

大きな開発計画を行うときにはプロジェクトチームが設けられ、プランナーの建築家数人に、交通計画家、地質や都市基盤設備のエンジニア、ランドスケープアーキテクト、リサーチャー数人、そしてドラフトマンらが一体となって進めていく。現在一〇地区がプロジェクトチームによって設計されている。その他の地域では、おおよそ人口約一～二万人の地域を一人の建築家が担当し、既にある都市計画図の変更や小規模の新規計画を行っている。こういった場合にも、それぞれ交通、地質や都市基盤設備、緑地、調査などの部門がサポートしていく。

特別なプロジェクトや新しいアイデアが欲しい時に、フィンランドではよくコンペティションを開催する。エコ・ヴィーッキ地区でも都市計画のアイデアコンペを行って、それに基づいて地区詳細計画を決めていった。コンペには若い人たちが奮って参加する。フィンランドの著名な建築家たちには、コンペを通して若いうちから名を上げ、作品を残してきた者が多い。

特殊な建物であったりする場合には、建築コンサルタントにフィジビリティスタディを依頼することもある。地区詳細計画を行う段階で建物の大まかな基本設計はするのだが、一般的でない建物の場合は、その分野のコンサルタントに基本設計をしてもらい、実際に建てることができるかを検討する。同様に、特殊な専門知識や機材が要る調査や実験、例えば植物や鳥などの分布状況だったり、微気候の風洞実験なども、大学やコンサルタントに依頼し代行してもらう。

都市計画を支える市の他の部局には、航空写真を撮ったり、現況図やその他の地図を毎年更新させていく、不動産局の測量部がある。地表は３Ｄモデル化されており、現存の建物の３Ｄ化も徐々に進んでいる。また市統計センターでは、土地、建物、住人などに関する台帳がデータベース化されており、統計資料のマッピングが可能である。これらは都市計画局とＧＩＳで連動している。台帳のデジタル化整備は七〇年代から、また地図は八〇年代から徐々に進められてきた。

## ▼土地政策

ヘルシンキでは土地の市有地率がとても高い。市有地率は現在約六二％ほどで、国有地率が約九％なので、合わせて公有地率が七一％にものぼる。これは、フィンランドの他の自治体に比べても、きわだった比率である。元々ヘルシンキが現在位置に設立された時に、国王から土地を贈与されたという背景もあるのだが、それ以後も土地をできるだけ買い増していった成果と言える。これは、土地は限られた資源として公共のものであり、個人が独占し利益を得るのは不当であるという認識を、首都の政治家が代々持っていたからである。

そして市がその土地を安く、五〇～百年という長期間で賃貸しているために、私有地でさえ土地の売買価格が高くならない。そして土地価格が安いために小さな予算でも買い上げができるというように、循環が非常にうまくいっている。その上、都市計画が市の独占事業であるため、住宅建設などが必要であっても、十分にある市有地を利用でき、また開発を拒む地権者があったとしても、より良い条件の交換地を提供することにより、土地の収得を行うことができる。現在進行中の大きなプロジェクトで以前は港湾地区や操車場地区だった土地は、ほぼすべてが公有地であり、新しく合併された地区や森林地区であっても市有地の率が高い。

このように、ヘルシンキでは土地政策を徹底させているために、土地は投機の対象となりにくい。

市有地が多い利点は、緑地率の高さにも現れている。これまでの基本計画の中でも、市域の約三〇％の土地は緑地として確保していく方針を貫いている。市のセンター地区から大きな緑地帯が指のように周辺地区に向かって放射状に延び、それらを細い緑地が互いにつなぎ合わせて、緑のネットワークを形成している。ネットワークは遊歩道や、冬にはノルディックスキーのコースともなる。緑地を単体の島として配置するのではなく、ネットワーク化することは、生態系を生き生きと維持する上で、非常に重要な要素である。

## ▼住宅政策と住民層の混合

ヘルシンキの人口は現在約六〇万人であり、人口増加は非常に緩やかなものである。しかし居住性の向上を目指して、住宅の需要は常に高いため、都市計画でも宅地確保に大きな比重が置かれている。現在、一人の専有床面積は約三四平方メートルで、住宅の平均面積は六三平方メートルである。ヘルシンキでは独身者が多いので、一戸の平均床面積は小さい。

市内の住宅の値段が上昇し、子持ちの若い家族が近郊の都市に流出して行くのを食い止める手段の一つとして、住宅の価格と質のコントロール（ＨＩＴＡＳ）が考案され、一九七八年から使われている。これも宅地建設の際、土地の賃貸契約に盛り込む手段の一つで、住宅の価格を一定以下とし、質を一定以上のものに規定することにより、若い人たちでも質の良い住宅を市内に持つことを可能にしている。

土地が投機の対象とならないのに対して、住宅は中古のものでも、価格が年とともに上昇している。建物は基本的には建て替えないことを原則としていて、性能と耐久性の良い、飽きの来ない建物を建て、メインテナンスをよく行っているので、資産価値が下がらないからである。センター地区の住宅などは、郊外の新築の住宅などよりも高い値段で売買されている。

大地主としての市が、都市開発を行う上で常に考慮に入れている事柄は、社会的な持続の可能性である。このために住民層の混合を行っている。これは、社会層間の疎外・断絶が起きないよう、また地区間の格差が生じないようにする工夫である。色々な住民ができるだけ互いにふれあい理解し、共同体意識が育まれるように、犯罪などが少なくなるようにと、同じ街区の中に多様な人々が住むようにしているのである。その実施の手法として、都市計画された敷地を賃貸する条件として、住宅の建設主体と所有形態をあらかじめ決めている。市有地に住宅建設を行うときは、市議会が分譲および賃貸住宅の割合や住宅の平均面積・賃貸料などを決定するが、基本的に分譲と賃貸が約半数ずつになるようにし、また公営と民営もやはり約半数ずつになるようしている。つまり、全住宅建設の四分の一が一般分譲住宅で、次の四分の一が国庫補助による分譲住宅、次の四分の一は民営賃貸住宅で、最後の四分の一が公営賃貸住宅である。そして同じ建物の中でも、住戸の大きさやプランに変化をもたせている。このようにして、独身者と大家族、老人と子供、低所得者と高所得者などが、同じ街区内に住んでいる。それだけではなく、庭にはプレイロットやバーベキューをするコーナーなどを配したりして、屋外でもふれあいの機会が増えるようにしている。

### ▼公共施設の配置

都市基盤施設は、地区計画図を作成することによって、市にそれを用意する義務が生じる。道路や上下水道などだけでなく、ヘルシンキではコジェネレーションにより作られた地域暖房も同時に配備している。このため地域暖房の加入率は、緑地の中にある単体の建物などを除いた九五%ほどにのぼる。ヘルシンキの地域暖房網はヨーロッパ最大の規模を持っている。また地域冷房網も広がり始めている。コジェネによる地域冷暖房はエネルギーの高効率での利用であり、公害をも非常によく除去でき、持続的発展には欠かせない都市施設である。地域冷暖房は、日本の夏のヒートアイランド化、高湿度化への対策としても、最も有効な解決策といえよう。

学校、保育園、医療、文化などの公共施設も、地区計画を作成する時点で、配置を決定していく。住宅の建設と同時進行でそれらの建設を行い、住民の入居に合わせてサービスが提供できるように配慮されている。

## 参考文献

グロ・ブルントラント著　竹田ヨハネセン裕子訳「世界で仕事をするということ」ＰＨＰ研究所　二〇〇四年
City of Helsinki, Ministry of The Environment, Eco-Viikki Aims, Implementation and Results, 2005（ヘルシンキ市、フィンランド政府環境省「エコ・ヴィーッキ　その目的、実施と結果」二〇〇五年）
日本フィンランド都市セミナー実行委員会編「ヘルシンキ／森と生きる都市　日本フィンランド都市セミナー次世代に贈るまちづくり」市ケ谷出版社　一九九七年

## エピソード　世界一のＣＨＰ都市

ヘルシンキ駅からヴィーッキに向かうバスに乗ると、発車後間もなく車窓の右手に発電所が見える。これはハナサーリ発電所である。ヘルシンキ市内には五つの発電所があり、燃料には石炭や天然ガスが使われている。そのうち四か所は、発電と同時に熱を供給するコジェネレーションプラント（ＣＨＰ）で、その熱は地域暖房に使われている。

地域暖房は一九五三年から始まり、石油ショックが引き金となって普及が進み、今では市の九五％が地域暖房のサービス区域となっている。ヘルシンキエネルギー公社によると、コジェネレーション化で節約される燃料は三〇％以上で、二酸化炭素の排出は他の方法に比べ三五％以上低く、年間で二・七メガトンの二酸化炭素を削減しているそうだ。また、二〇〇〇年から地域冷房が始まった。冷媒には海水を使っている。世界的に見ても、ヘルシンキ市は地域暖房およびコジェネレーションがトップレベルにある。

地域暖房は町の景観も大きく変えた。建物の煙突の山が無くなり、空気清浄度もかなり良くなったそうだ。また、地域暖房の料金の課金のため、住宅ごとに取り付けられたメーターで使用した熱量が測定されるので、エコ・ヴィーッキのソーラーシステムが貢献した割合を確認することができる。

ハナサーリ発電所

# 第2章　二つのコンペティション

ゼラニウム（ハンヌ・サルバンネ画）　草原で６月頃に薄紫の花を咲かせる。

## 1 都市計画コンペティション

ヘルシンキでは、タウンプランで建築物の形態を規定してしまうほど都市計画や行政の指導が強力であるが、その過程で各種のコンペティション（以下、「コンペ」と略記）が実施され、市の行政担当者以外の人たちのアイデアやノウハウを吸収し、役立ててきた。国際コンペ、国内コンペ、招待コンペの実施は特殊ケースではなく、タウンプランあるいは規模の大きな建物には、ほぼ常に実施されている。

エコ・ヴィーッキでは、ローカルマスタープランの承認が近づいた頃から、都市計画（タウンプラン）のアイデアコンペの実施を準備し、コンペの結果を踏まえて草案（ドラフト）を作り、次に対象地区の一部のエリア（近隣街区）に絞って、設計と施工計画を含めた設計コンペを行い、その応募案の提案に基づいてタウンプランを完成させていった。

### ◇コンペの概要

▼コンペの目標

エコ・ヴィーッキの都市計画コンペは、ヘルシンキ市とエコ・コミュニティプロジェクトのチームによって準備された。コンペの一般的な目標は対象区域の計画と建築の設計提案を見いだすことで、その応募案は

- 都市構造と敷地に適している
- 都市環境と建築物の質が高い
- 住みやすい
- 社会的機能的側面の汎用性がある

- 技術的に実現可能である
- ライフサイクルコスト（生涯費用）が経済的である

ことが求められた。

また、エコロジカルな目標として

- 建設と使用の期間に、再生不能エネルギーの利用を、通常の方法より大幅に減らす
- 急速に減少している天然資源材料の使用を、通常の方法と比較して大幅に減らす
- 自然の構造と生態系（土壌、気候、水系、植物、動物生活など）に良い影響を与え、生物多様性に有害な影響を最小にする
- 人間や環境に有害な排気と騒音、廃棄物を削減する
- 居住者が主体的に環境の利益のために行動することを可能にし、促進する

などが示された。

## ▼審査委員会

審査委員会の委員長はヘルシンキ市副市長ペッカ・コーピネン氏で、委員にはヘルシンキ市から都市計画局タウンプランニング部部長と同部プロジェクトリーダー（リーッタ・ヤルカネン）、環境省からは局長と首席建築家（アイラ・コルピヴァーラ）、首席検査官、フィンランド技術庁から技術部長と研究主任、エコ・コミュニティプロジェクトから建築家ブルーノ・エラト氏とヘルシンキ大学マーティン・ロデニウス教授、フィンランド建築家協会から建築家ユハニ・マウヌラ氏とティモ・タカラ氏が任命され、一二名の構成であった。

また、審査員以外に、環境、エネルギー、自然環境、ランドスケープ、気候、交通、水管理、廃棄物管理、実現性（ヘイッキ・リンネ）などの専門家をアドバイザーとして任命した。

## ▼対象区域と計画要件

コンペ対象区域は、ヴィーッキのラトカルタノ副地区のローカルマスタープランに示されたエリアに含まれており、現況（当時）の土地利用はヘルシンキ大学の実験農場となっていた。農場や道路などを除くと未開発の状態で、面積は約二四ヘクタールである。対象区域の西側にはヘルシンキ大学の研究施設や学生寮などがあり、それらを取り巻くようにタロンポヤン道路が通っており、さらにその西方にはラーデンバイラ高速道路が通っている。また、コンペ対象区域を北から南に用水路が縦貫している。計画内容としては

〔住宅〕コンペ対象区域に延べ床面積およそ六万～七万平方メートルの住宅を設け、住宅地は住宅の延べ床面積が二千～七千平方メートルのブロックによって形成する

〔公共的なサービス施設〕小学校（延べ床面積五二〇〇平方メートル）、中学校（延べ床面積四五〇〇平方メートル）、三つの託児所（延べ床面積九〇〇平方メートルを二か所、七〇〇平方メートルを一か所）、および食料品店（延べ床面積九〇〇平方メートル）を設ける

〔耕作地〕住民が耕作できる、一つが二五～五〇平方メートルで、必要に応じて面積を増やすことができる用地を列状に設ける

とし、現状の運動場（コンペ対象区域外）は維持されることになった。また、道路ネットワーク計画の目的は、公共交通機関と歩行と自転車交通の優先順位を上げ、自動車が不要な生活を確実にするためであるとしている。

## ▼日程

コンペは、一九九四年一〇月にヘルシンキ市で開催された「持続可能な都市に向けて」と呼ばれるセミナーで開始された。様々な分野を代表する約四〇〇人の専門家がセミナーに出席し、都市の未来について議論した。例えば、建築家、造園家、空調の専門家、エコロジスト、都市計画や建築経済の専門家が参加した学際的な作業グループを形成することが推奨された。

応募案の提出期限の一九九五年二月二一日までに九四の作品が提出され、そのうち三案は設定された条件を満たしていな

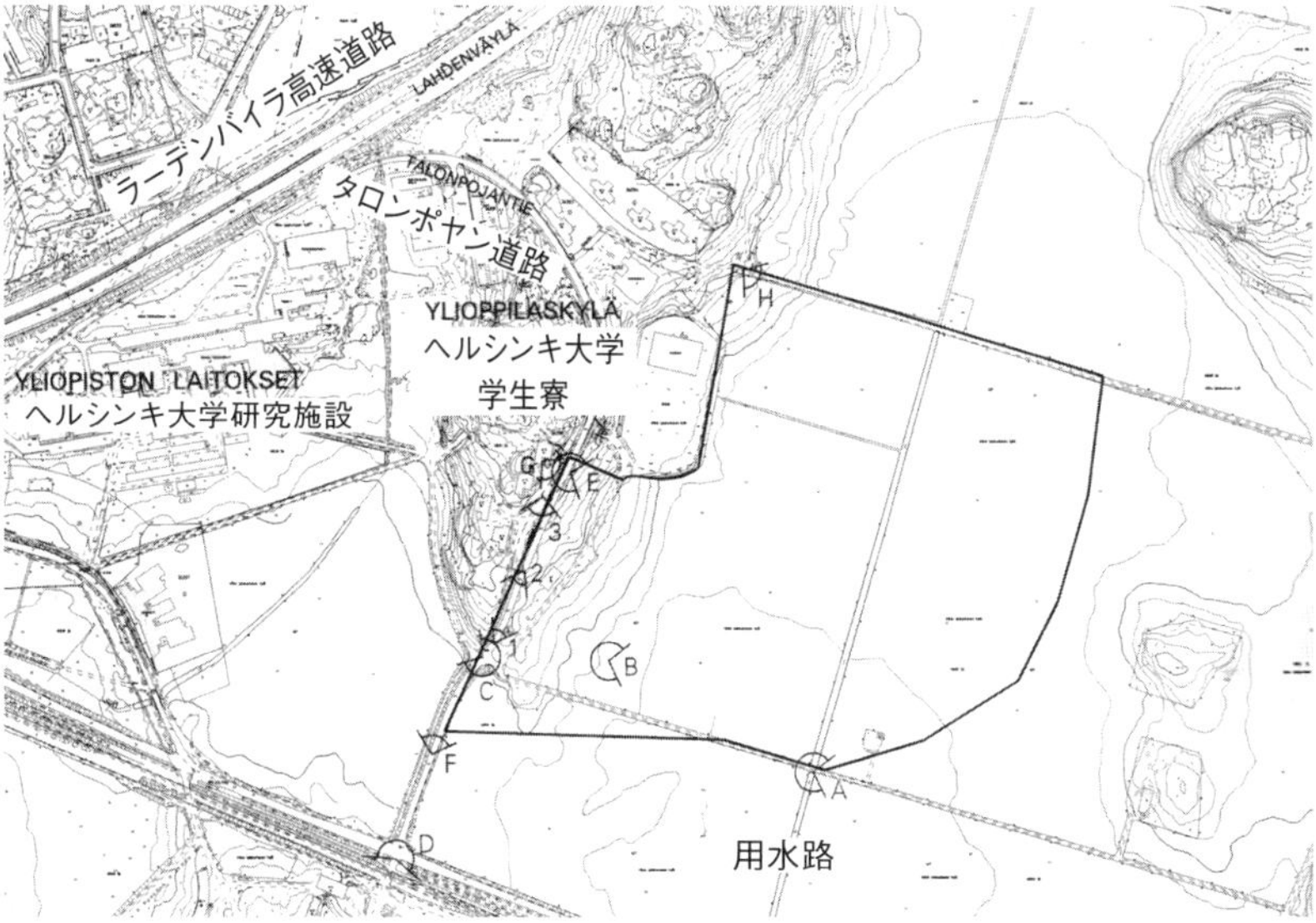


図2-1　都市計画コンペ対象区域

写真2-1　都市計画コンペ対象区域全景

かったために拒絶された。審査員は、一九九五年五月一九日に審査報告書に署名し、その作業を終えた。授賞式は一九九五年六月一日にヘルシンキで行われた。

## ◇コンペの審査

審査報告書に詳細に書かれた審査評から、審査員が注目していた事項がわかる。以下、【】の見出しを付けた箇所は、審査報告書の抄訳である。

### 【一般】

応募案を審査する際に、二つの主要な審査基準が存在した。一つは、応募案は計画区域のタウンプランニングの基礎となるべきものであること、もう一つは、計画区域の環境を築くエコロジカルな解決策を実現できるということであった。また、ヴィーッキ以外の都市構造が異なる場所にも適用できる案を選ぶことを望んだ。

コンペによって、自然環境と人工環境が深く統合されたいくつかの優れたタウンプランニングが作り出された。また、結果としてコンペは、エネルギーとその水処理、材料のリサイクル、微気候とランドスケープと外構計画について、エコロジカルな目標をサポートするアイデアを創出した。コンペは種々の専門分野でエコロジカルな認識を成長させ、明らかに教育的効果があった。

### 【エコロジーは単なる付加的な質ではない】

エコロジカルな観点と要因は、計画と設計において当たり前に重要な要素として、土地利用計画や建築設計の中で受け止められ、考慮されるべきである。

すべてのエコロジカルな建築の出発点は敷地選定であり、次に建物とそのインフラストラクチャーおよび外部空間の計画である。材料の選定、建設方法、個々の部材の耐久性、維持管理方法、そして後に建物がその目的を終えて解体される際にどう扱われるか（終末処理）が重要な問題である。そして、さらに重要なことは、居住者がその敷地でどのように暮らし、敷地の可能性を生かし、発展させるかということである。

**【配置計画の考え方】**

応募案は、人工構造物と緑地の組み合わせ方によって、大雑把に三つのタイプに分けられた。①「セントラルパークモデル」は、緑の空間と水路を中央に配置する。人工構造物である建物の群と中庭は中央の緑のゾーンに面している。街区の構造は、大きな公園のような区域を取り巻くか、居住地を通る切れ目のない緑地帯に面している。これらの応募案は、建物の領域を周囲の農場近くまで拡げていた。②「要塞モデル」は、コンペ対象区域の西部の狭い領域に高密度な街区を配置するものである。この構造は周囲の環境と明らかに対比的である。大きな緑地や水路の領域は建物の領域の外に配置された。これらの二つのタイプの中間に、③「西部ほど密度を高くするモデル」があった。構造物の密度は東や南側の農場に近づくにつれて減少させ、高さも低められ、ビオトープと耕作可能地を形成するために緑地が指のように街区の構造に侵入している。住宅地の中庭はその緑の指に加わり、雨や水路もそれに導かれる。

称賛に値する応募案はどのタイプにもあった。構造物と緑地が絡み合う③「西部ほど密度を高くするモデル」は他のタイプよりも全体をエコロジカルに機能させる可能性が高いという審査員の意見があった。パーマカルチャーの原則（注）に基づいて、様々なビオトープが住宅のすぐ近くに配置されれば、今後の自然のプロセスを維持することが居住者の日常生活の一部となりやすい。しかし、自然と絡み合うモデルは土地利用が非効率的となり、インフラストラクチャーの建設コストを高価にし、公共交通システムのサービス水準を下げる恐れがある。

（注）パーマカルチャーはパーマネント（permanent：永久的）とアグリカルチャー（agriculture：農業）を結びつけた造語で、オーストラリア人ビル・モリソンが提唱した。持続可能な無農薬・有機農業を基本とし、水・土・植物・畜産・水産・建造物・人々・経済や都市と農村などを考慮し、地域全体を設計することを狙いとしている。

## 【建物の制限】

計画区域だけでなく、それを取り囲む広範な地域のランドスケープのためにも、構造物が建てられる区域とオープンな緑の区域との境界を明確にすることが必要である。構造物を建てる区域とそうでない区域との境界にバッファゾーンを設けることは、不都合を起きにくくする。最も良い解決策は建物の周囲を樹木で包み込む緑地を設けるもので、景観にも微気候にも良い案は、ヴィーッキンオーヤ水路を付け替えて豊かな緑地とし、さらに計画区域の南側に繋げるものであった。

## 【水系】

ヴィーッキンオーヤ水路は小規模な水路であるが、応募案の中には様々な、そして多くの場合、過大評価をした水系計画もあった。ビオトープを誕生させる場所として、また表面排水を集め浄化するという自然の可能性に基づいた処置は良い方法である。他方、大きな池や運河を作る案は、水量の点から難しい解決策である。

## 【住宅密度】

住宅には延べ床面積六万~七万平方メートルを配置しなければならない。応募案は、延べ床面積が最小限に近いものが一般的であった。

その床面積を確保するために、中高層の建物を建てなければならなかった。また、自家用車の駐車場を作る場合でも、住宅密度が低いほうが、町の景観になじみやすい場合が多い。

## 【周辺地域との連続性】

ラトカルタノ副地区の都市構造は明快で変化も持たせてある。したがって、その一部となるコンペ区域も、均一ではなく変化のあることがふさわしい。

北側の区域とコンペ区域の住宅地とは、コンペ区域がラトカルタノ副地区の一部となるようにつなげるか、学校を緩衝地帯として使う方式が最も良い方式であると考えられた。

### 【地域のセンターと職場】

コンペ区域はヴィーッキ地区の一部である。ヴィーッキ地区全体の都市計画では、土地利用は主に住宅で、都市サービスの主要な部分と職場は、コンペ区域に隣接する区域に置かれている。

コンペ区域の中では、一つの小さなセンターにサービス施設を集中させることは、良い解決策と考えられた。自分たちのセンターを持つことは、その地域の独自性と社会的結合を強めるからである。いくつかの応募案は、センターの一部として既存のスポーツ用地を統合し、緑地の区域とセンターを結びつけていた。サービス施設の位置をコンペ区域の周辺部に置くと、そこは区域のエントランス的な場所となる。同時に、サービス施設を隣接する区域に直結させることは、居住者には望ましいことである。

また、この区域で働ける可能性を増すことは重要であると審査員は考えた。応募案はたいてい住宅ブロックの一階の多目的スペースに小さな作業用空間を配置していた。その作業用空間は、サテライトオフィスやワークショップ、居住者向けのパン屋など、ほとんどは居住者向けであった。

### 【交通】

交通は居住者の生活様式に大きな影響を及ぼす。居住者が公共の交通網を選択して、自動車を所有しないことを促進することが目標である。幹線となる集散路をコンペ区域の中央に置くことは、その目標を実現する案と考えられた。中央に道路を配置することは、道路ネットワークの総延長を短くし、交通サービスの水準を高める。

大多数の応募案は駐車場を住宅周辺に分散させる案を採用していた。少数の応募案はコンペ区域の外縁部に駐車場を配置していたが、それらの案は不便なやり方だと理解された。

【微気候】

コンペ区域はヴァンハカウパンキ湾に近く、建造物のない開放的な土地利用であるため、比較的風が強く、冬の強風時は特に冷涼となる。コンペ区域の南と東の端部には、防風林や低木を植える十分な幅を持つ緑地を設けるべきである。また、好ましい風況を作るために、建物や中庭の配置においては方角を配慮し、日照を考慮して南方はオープンにすべきである。そのような配慮によって快適な微気候が中庭と道路空間に作られ、建物の暖房効率も改善される。

【エネルギー】

ヘルシンキ市では、コジェネレーションプラントで生み出された地域暖房を使うことが広く普及しており、計画地域でもそれを使うことは至極妥当な選択である。エネルギーの需要は、太陽から生成される地域のエネルギー（地上の熱、風、生物エネルギーと太陽エネルギー）を、アクティブおよびパッシブな技術の両方を使うことによって削減されるべきである。

都市計画の段階では、将来の建物は必要とされるエネルギーのかなりの部分を作り出すことができるということを目標として、太陽エネルギー利用の可能性を最大化することが重要である。多くの応募案は、このことに関しては成功していた。風力で広範囲に区域のエネルギー需要を満足させることは不可能である。それでも、雨水をポンプで汲み出して、表面水と循環させて、酸化と換気を促進するというような小規模な風力発電の適用は可能である。

【材料のリサイクル】

エコロジカルな住環境では、廃棄物は資源であり、廃棄物処理はリサイクル活動に取って代わられるべきである。材料と物質は、建設段階でも使用時でもすべての段階で、廃棄物を最小化する方法で利用されるべきである。廃棄物を生み出すことを前もって防ぐには、人工構造物を可変で耐久的で維持管理しやすくすることだけでなく、貯蔵やサービスの提供、修繕のための十分なスペースを用意しておくべきである。

生ごみのリサイクルのために、住宅の周辺または住区の中の耕作地や庭、小公園に、コンポストで作られた腐葉土を利用する十分に広い空間を設ける必要がある。

【水管理】

エコロジカルな水管理の本質は、エネルギーと同じように水もその質に応じて利用されるということである。純度の高い水は飲用と調理にのみ使われる。雨水は浄化され、利用され、そして水路に導かれる。その目的は、いわゆるグレーウォーターと排水を現地で生物学的に浄化することである。ヴィーッキの集約的な土地利用と、土が粘土質であることは水管理の前提条件である。雨水は区域全体で洗浄と潅漑の両方に利用でき、そしてまた景観の要素ともなる。

【住民参加】

ヴィーッキ区域の住環境は、居住者が天然資源を節約し、個人的な活動を促進し、行動の方法を育成することを目標としている。しかし、居住者がエコロジカルに日常生活を送るといっても、これまでの生活より負担が大きくなってはならない。居住者が過ごす空間の重心は、住宅区域に移るであろう。ローカルな活動は、これまでの職場への依存を減らして、経済的にも利益を得られる。

住民が初期段階には区域や住宅と機能の計画に、後の段階では区域や空間の維持管理に参加できることは、コンペの目標として示した。いくつかの応募案は、計画の段階において、実現や空間の補完について面白いアイデアを示していた。

【共同体意識】

居住者が空間を一緒に、または交代で使用することは、多くの相乗的効果を生み出すであろう。最も重要なことは、区域の自己持続可能性を改善する居住者の行動である。屋内、そして特に屋外の集合場所が共同体意識を醸成する。人々がヴィーッキ地区で、その住区や中庭に滞在することを楽しむならば、仕事や余暇時間に他の場所で客をもてなしたり過ごす誘惑は衰える。また、地元の資源を利用したり開発する可能性は高まる。

【町の景観】

応募案は町の景観問題を解決する方法では、非常に伝統的であった。全体配置を幾何学的な形態に基づいて行った数多くの応募案がコンペの常連から提出された。しかしながら、これらの応募案にはコンペの目標を満たしたものはなかった。

多くの計画案の考え方は、集散路に半分オープンで緑地には開放的な住区が鎖のようにつながるというものであった。住区の間のスペースは緑のくさびの役割が意図されていたが、駐車場がそのスペースの一部を使った。このテーマのバリエーションとして、「ピハカツ」(ピハは庭、カツは道。歩行者と駐車場に行き来する限られた自動車が共存する生活道路。以後「庭路」と記述する)の周りにグルーピングする構造を繰り返すものがあった。これらの庭路の計画案の住区間の空間は、緑地にも、構造物を結びつける自然の空間にも、自由に設定することができた。しかしながら、それは庭路の中に駐車場を配置することを困難にした。町の景観の見地から、このモデルは面白い可能性を作り出した。

オープンな構造に基づいた郊外的タイプは、非常に成功した例を作り出さなかった。平らな原野は、このタイプの計画案には不適当な条件であった。明確な機能的な構造、公園を中央に、外部に交通ネットワークを配置することが、郊外型の建築と結び付けられた場合は最も成功していた。

【生活形態の融通性】

オープンなヴィーッキ平原の端部にあり、交通接続が良いというコンペ区域の位置は、様々な生活形態にとって好ましい可能性を提供する。コンペ区域の広さと目標とした延べ床面積は、密集した多層階の建物を区域の一部に集約すれば、まばらな、そして低層の建築を建てることが可能になる。エコロジカルな建築のための実験場としてのコンペ区域は、異なった生活形態が並立することが望ましい。コンペ区域に様々な方法でエコロジカルな暮らしをすることに関心を抱いている人々を集め、エコ・コミュニティプロジェクトが目的とする広範な実験を進めることが可能になる。

## 【機能の多様性、共同体意識】

このコンペでは、機能の多様性と共同体意識を促進するアイデアが生み出されることが望まれた。大多数の応募案は、住区の一階に「多目的スペース」という室名を付けた空間を配置して、あるいはそれらを住区の中庭の中に小屋として分散させて対処していた。

そのようなやり方ではなく、共用スペースが自然に共同体意識あるいは空間の価値を高めるいくつかの応募案もあった。例えば、階段の周りに共用空間を集める、あるいは温室のような共用空間の周りに住戸を築くという対処をしていた。また、間違いなく居住者の共同体意識を促進させる明確な空間のヒエラルキーや、共用の建物を追加できることなどによって、そのような案は評価された。親近感のある庭路や、学校用地によって形成されたゾーンが、空間をつなぐ役割を果たしていた応募案もあった。

## 【居住性】

このコンペでは住戸の図面を要求しなかったので、個別の住戸の居住性を評価することは難しかった。けれども、若干の結論を下すことはできた。

ほとんどの応募者は、太陽エネルギーを利用するためにどの方角に住居を向けるべきかを知っていた。住戸が東西に長く並べられた住棟では、北側に物置などの補助的な空間が設けられ、南側に設けたバルコニーからアクセスする方式が多くみられた。その結果、建物の奥行きは小さくなった。多くの応募案は、東西方向が短い多層階の住棟を配していた。それは、建設コストでも、エネルギー経済に関しても非経済的であるが、多方面に開口部のある大変に住みやすい切妻型住居を作り出していた。

実際に、複数世帯の共同居住を提案したのは少数であった。すべての面で新しいという計画案を見いだすことはできなかったが、いくつかの応募案で、住居の装備のレベル、共同のサウナや洗濯室などの設備技術、廃棄物収集などに関して提案があった。

居住性の重要な要素である屋内の空気については、多くの応募案で慎重に検討されていた。パッシブな太陽エネルギー利用と太陽熱集熱器あるいは蓄熱オーブンは、ほとんど例外なく建物に含められていた。

【総括】

都市計画コンペでは、個々の建物の建築の質は、評価において最も重要な項目ではない。最も重要なことは、作者がデザインを通して伝えられる区域のビジョンを持っていたかということである。いくつかの応募案では、記述と図面との整合性が欠けていた。良いアイデアというだけでは、質の高い建築的表現にはならない。同様に、建築として質は高いけれども、エコロジカルな見地からは疑わしかった応募案もあった。

建築材料の選定では、大多数の応募案はエコロジカルでサステイナブルであることに基礎を置いていた。木、れんが、天然石、粘土と藁は人気が高かった。材料の性質とテクスチャをうまく生かしているのが最も良い使い方である。ソーラーパネルは多くの応募案で建築の外観上の新しい姿を生み出したが、壁面に無理なくまとめた応募案もあった。

概観すると、応募案はエコロジカルな建築という点で、二派があった。一つの派は、自然と生物学をもとに、建物と自然を結びつけることによって、地球にやさしい建築を目指すものである。もう一方の派は、ソーラーパネル、風車、水タンクなど、技術的な手段を主体として構成したものである。

## ◇審査結果

審査委員会はコンペティションの要綱に従い受賞作品を決定した。総額五〇万マルック(約九〇〇〇万円)の賞金授与作品は、一等、二等、三等および入選と佳作で、一等から三等は各一作品、入選二作品、佳作四作品とし、他に特別賞二作品である。

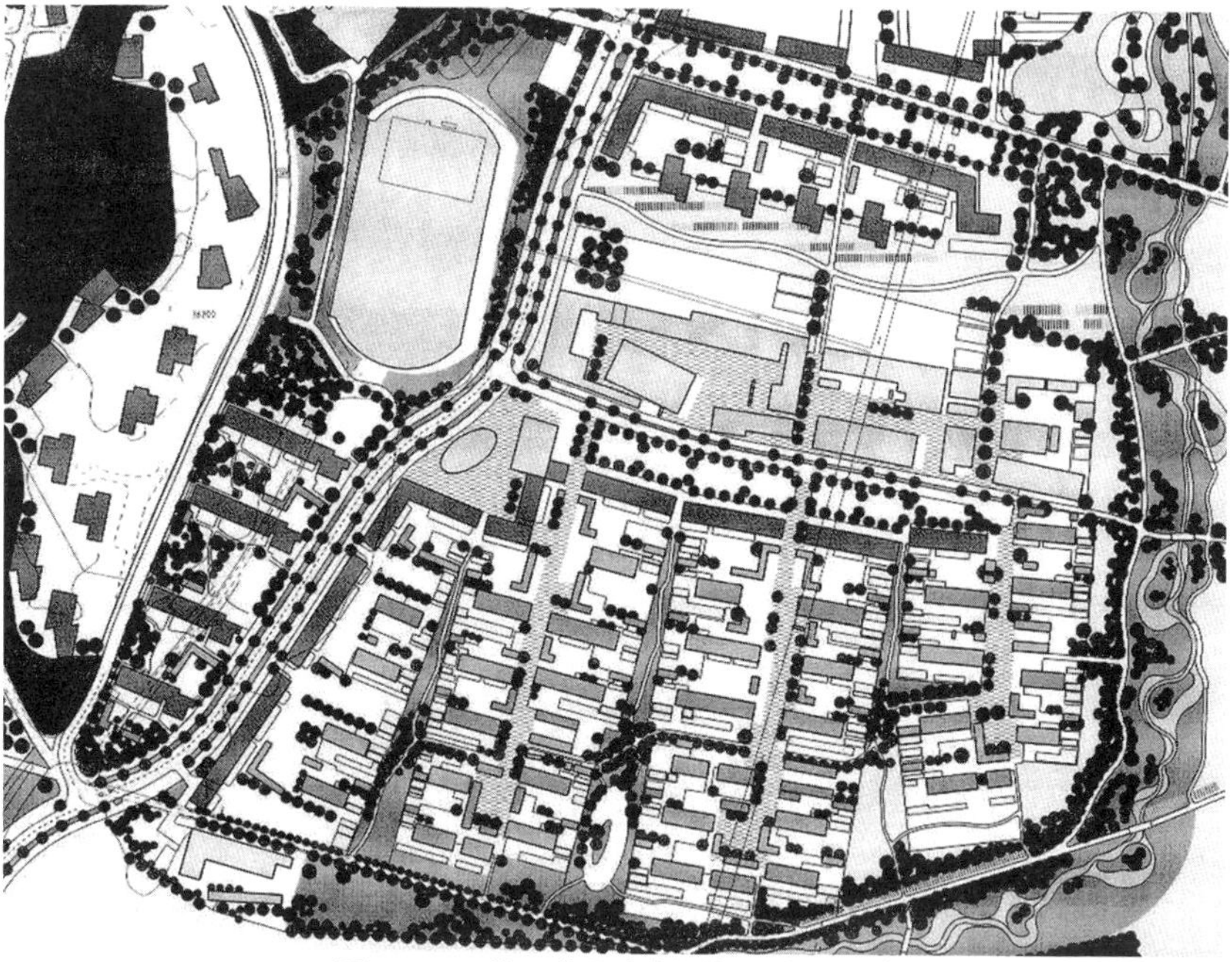

図2-2　一等　作品名「北緯60度15分」

図2-3　緑地の構成(灰色および黒色の部分)

### ▼一等　作品名「北緯六〇度一五分」

一等に選ばれたのは建築家ペトリ・ラークソネンの作品で、「北緯六〇度一五分」というのはヘルシンキ市の緯度である。配置計画のモデルとしては「西部ほど密度を高くするモデル」で、庭路の両脇に住棟がグルーピングされた住区をいくつか配し、それらを一つのブロックとすると、二つのブロックの間に南側から緑地が入り込むパターンになっている。

審査報告書では、審査員たちの次のような評を紹介している。

「端部に向かって階数がしだいに低くなる建物と指のようなブロックの構造によって、オープンな農場と建物の境界線は柔軟に保たれるであろう」「自然が住区の中庭に滑り込むことによって、天然のビオトープが都市的環境に入り込み、文化的なビオトープを変化させる」「この構造は肺に似ており、生物の回廊が酸素供給剤のように作用する」「都市の階層性が極めて明確である」「都市の集散路から小規模な庭路が続き、そして親しみやすい住区の中庭に達する」「住区の中庭が、耕作可能地を経て、都市に入り込んでいるグリーンフィンガーに通じており、それが自然との直接的接触をもたらす」。

住宅地に緑地が指のように入り込むことから、この案は「グリーンフィンガーズ」とも呼ばれた。この言葉は、ヘルシンキ市都市計画局では、ヘルシンキ市全体の緑地ネットワークのコンセプトとして用いられていた。

### ▼古都トゥルク

一等案を作ったペトリ・ラークソネンは、どんな人間で、何を考えたのだろうか。話を聞きたいとメールで問い合わせたら、彼の事務所はヘルシンキ市ではなくトゥルク市にあると伝えてきた。ヘルシンキから特急列車で二時間ほどのフィンランド南西部にあるその町を訪ねた。百年前の一八一二年までの首都であり、古城や大聖堂がある。トゥルク駅から南に歩いていくと五分ほどの所にマーケット広場があり、さらに進むと、町の中心を東西に流れるアウラ川に達する。京都の鴨川より川幅は狭いが両岸には広い道路や遊歩道があり、訪れた六月初旬の日は、陽の光があふれていた。その川縁を五分ほど西に進んだところに彼の事務所の入るビルがあることを、私はグーグルのストリートビューイングで確認しておいた。

目的地のビルに近づくと、サングラスをかけ、青いシャツを着た背の高い青年が待っていた。自己紹介をされたのでラークソネン氏本人だとわかり、元は学校だったというビルの　階にある彼の事務所に入った。その事務所はメゾネットになっていて、半分は吹き抜けの事務所的スペース、半分は二層で、その二階は彼の寝室だそうだ。早速、彼の話を聞いた。

**Q　あなたはコンペに参加する際、最初にどんなことを考えましたか？**

A　私は対象地域とその気候条件、例えば風況、日射状況、土壌と水などを考えました。

**Q　いつものコンペと比べて違いがありますか？**

A　それは、エコロジカルな環境を大変に重視したという点で、初めての都市計画コンペでした。

**Q　計画案を作成する上で最も難しい問題は何でしたか？**

A　いつもながら、コンペの応募案作成では、時間が不足することが最も難しい問題です。通常、私は一つのコンペにフルタイムで一か月を費やします。時間はコンペの仕事をするために非常に重要な問題なのです。

**Q　あなたの案の最も重要なポイントは各住区が庭路とグリーンフィンガーに挟まれているということですか？**

A　そうです。私の狙いはすべての近隣住区、あるいは庭や中庭が緑の区域に直接つながっているか、とても近くにあるということです。私のアイデアは、緑のメガストラクチャーが、フラクタルのように何回も緑が細分化されていき、緑の回廊が都市の中のすべての敷地に達するというものでした。

**Q　あなたの案は、ヘルシンキ市の資料では「グリーンフィンガーズ」と紹介されていました。誰が「グリーンフィンガーズ」と呼んだのでしょうか？**

A　私自身は「緑の回廊」と表現していました。コンペの審査員報告書を見ると、「指モデル」「指のような道路体系」「指構造」、そして誰かわかりませんが「グリーンフィンガーズ」という言葉が一度だけ使われています。誰が「グリーンフィンガーズ」と名付けたのか知りませんし、少なくとも私ではありません。

写真2-2　ペトリ・ラークソネン

**Q 「ピハカツ」（庭路）は、住宅地の計画によく使われる方式なのですか？**

A ピハカツはフィンランドでは一九九〇年代まで、ほとんど作られていませんでした。しかし、それ以後、非常に人気が高くなりました。

**Q あなたは現在のエコ・ヴィーッキの姿についてどう思いますか？**

A 私は十年前に一度行きましたが、最近の姿は見ていません。以前見たときは、まさに私が計画したものと同じで、自分の応募案を思い出しました。

**Q あのコンペはあなたや、あなたの考え方を変えましたか？**

A あまりないと思います。

**Q エコロジーとは何ですか？**

A エコロジーとは廃棄物や資源、材料の使用を最小限にすること、最近ではエネルギーの使用量を最小化する話題が多いですね。エコロジカルフットプリント（注）のことも話題になっています。私はそのことを、設計や建設の基本的な原則だと考えています。

（注）エコロジカルフットプリント：人間活動が環境に与える負荷を、資源の再生産および廃棄物の浄化に必要な面積として示した数値である。通常は、生活を維持するのに必要な一人当たりの陸地および水域の面積として示される。

彼は、これまでコンペで一二回も優勝しているそうだ。そして、趣味は彫刻とランニングで、設計に取り組んでいる時も、一日中建築の仕事をするのではなく、彫刻やランニングに多くの時間を費やすという。一九六五年に生まれた彼は大学を卒業後、数年間設計事務所で働いてからタンペレ工科大学の大学院生となり、一九九四年に修士課程を修了して、翌年にエコ・ヴィーッキのコンペで優勝した。大学院生の時からヘルシンキで数人と設計事務所をやっていたが、その年に独立し、トゥルクに移って、独身の所長一人だけの個人事務所を開いている。

帰り道は、トゥルクの町の案内を兼ねて途中までラークソネン氏が送ってくれた。アウラ川をはしけで渡ると、対岸には森の中に集合住宅が並び、川縁にはカラフルなパラソルを広げたテラスレストランが並び、初夏の日差しを満喫している人々が大勢くつろいでいた。ヘルシンキは緑豊かな落ち着いた街だと思っていたが、トゥルクは古い歴史と、しっとりした静寂さを持つ、海沿いの比較的温暖な気候の都市で、東京をヘルシンキとすれば、鎌倉のような関係なのかもしれない。フィンランドの都市環境の水準、特に豊かなアメニティについて改めて考えさせられた。

タウンプランのドラフト案はラークソネンのプランをベースとしてヘルシンキ市都市計画局で作成され、一九九五年の終わりにヘルシンキ市タウンプランニング委員会によって承認された。

そして、次の設計コンペティションが準備された。

## 2 設計コンペティション

ヘルシンキ市とエコ・コミュニティプロジェクト委員会は、設計コンペティションを招待方式で実施することを決定した。招待方式は、比較的小規模で限定された用途などの場合に、いくつかの優れたその用途に合った建築家や事務所が分かっている場合に行われる。コンペの実施費用は、オープンな方式に比べて少額となる。

エコ・ヴィーッキの設計コンペでは、招待者を選定する段階を設けた変則的な方式を採用した。

### ◇コンペの概要

#### ▼設計コンペの目標

設計コンペの目的は、エコ・ヴィーッキに建設される住宅地と住宅の設計案を見いだすことである。

その設計に期待されることは

- 再生不能なエネルギーと貴重な材料の使用量を節約すること。
- 自然の構造と生態系（土壌、気候、水系、植物、動物生活など）に作用し、その多様性を阻害する影響を最小にすること。

・人間や環境に有害な排気と騒音、廃棄物を削減すること。
・建築物理学の観点から適切に作用する構造物と材料を使うことによって、健康な屋内気候を作ること。
・長寿命で、フレキシブルであり、そして住居の多様性を持つ区域を設計すること。
・丈夫で、修理可能で、リサイクル可能な構造物と材料を使うこと。
・居住者が主体的に環境の利益のために行動することを可能にし、促進すること。

## ▼審査委員会

審査委員長は、都市計画コンペと同じくヘルシンキ市のペッカ・コーピネン副市長が担当したが、ヘルシンキ市から不動産部部長が加わり、環境省は首席検査官がメンバーから外れ、フィンランド技術庁とエコ・コミュニティプロジェクトは別な委員が任命され、フィンランド建築家協会はメンバーから外れた。

また、エコロジー建築、緑地とランドスケープ、環境影響、建設技術、健康影響、エネルギーマネージメント、水処理、廃棄物処理、実現性についての専門家も指名された。

## ▼対象区域と計画要件

設計コンペの対象区域は、都市計画コンペの対象区域の西側のチランホイタヤンカアリに接したエリアで、面積は都市計画コンペの対象区域の約四分の一のおよそ六ヘクタールの区域であった。大きな集合住宅のブロックと連続住宅（テラスハウス）のブロック、それらに隣接している公共地で構成されていた。コンペ対象区域は、タウンプランのドラフト上に示されている（図2-4）。また、そのドラフトの元になったラークソネンの住棟配置案（図2-5）も配布されたが、それに従わなくてもよかった。建設される建物の延べ床面積は二万二五〇〇平方メートルであった。

コンペの提出図書は、区域の全体配置図、建物の外構部と建物タイプごとの平面図、建物の断面図や側面図、さらに、エコロジカルな目標を達成する手段の説明資料などであった。

特に、新しい住宅地域でどのようにエコロジカルな考え方と環境にやさしい技術を応用するべきかについて、アイデアが求められた。その設計案は、建設コストだけでなく、生涯費用（比較期間五〇年）においても経済的であることが期待された。

〔住居〕目標は、住民の自発性と社会的帰属性を促進する住環境であることで、それはいろいろな住民と事業者のグループに適しているものを設計することでもあった。住棟だけでなく、補助的建物（物置など）と公共的施設について、その面積と需要、位置についての十分な根拠がある設計解が求められた。

〔建設〕応募者は建物と住宅について、また構造物と建設方法について、革新的でエコロジカルで持続可能な解決策を作り出すことが期待された。応募者は主な建築材料について、環境と健康影響への評価を含めて報告しなければならない。また、低層の建物の基礎構造物についての提案も期待された。

〔緑地、庭〕応募者は、住宅周りの設計に関する機能と物的な考え方を示さねばならない。設計図書には微気候と生物循環、

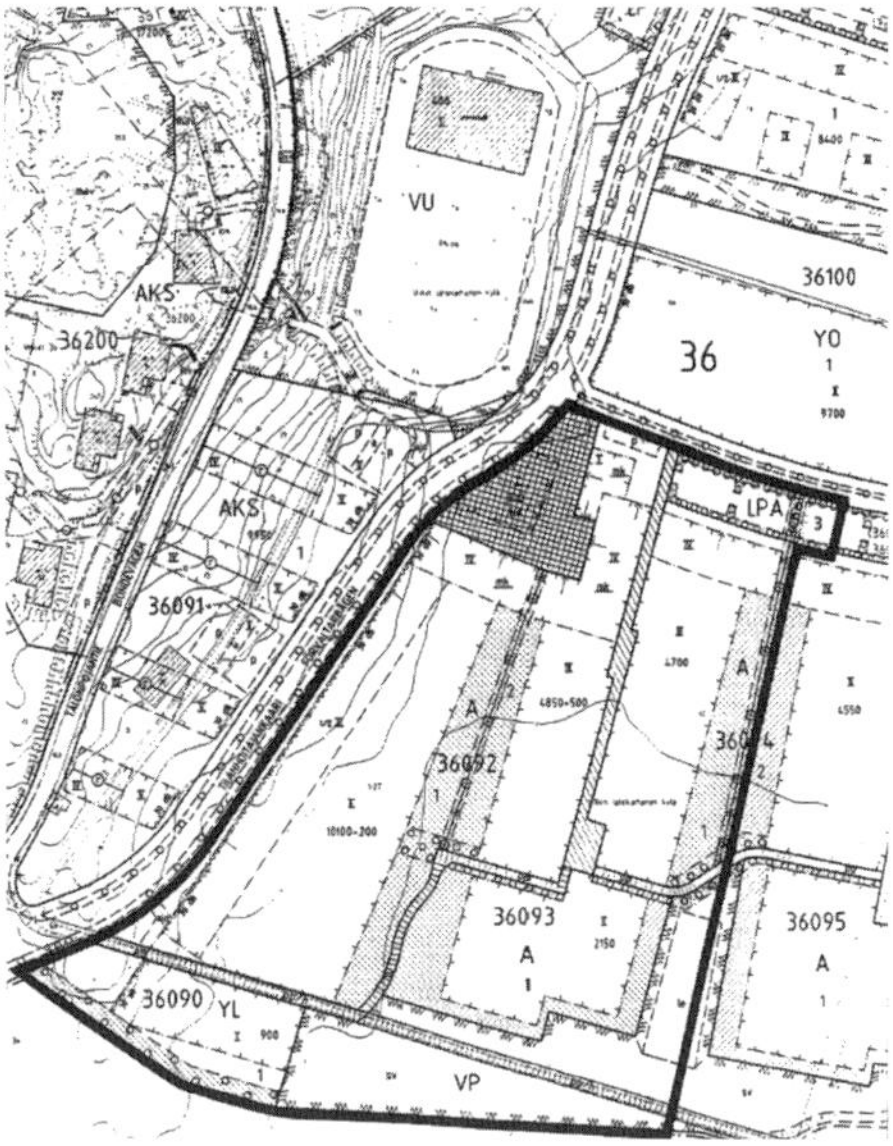

図2-4　設計コンペ対象区域

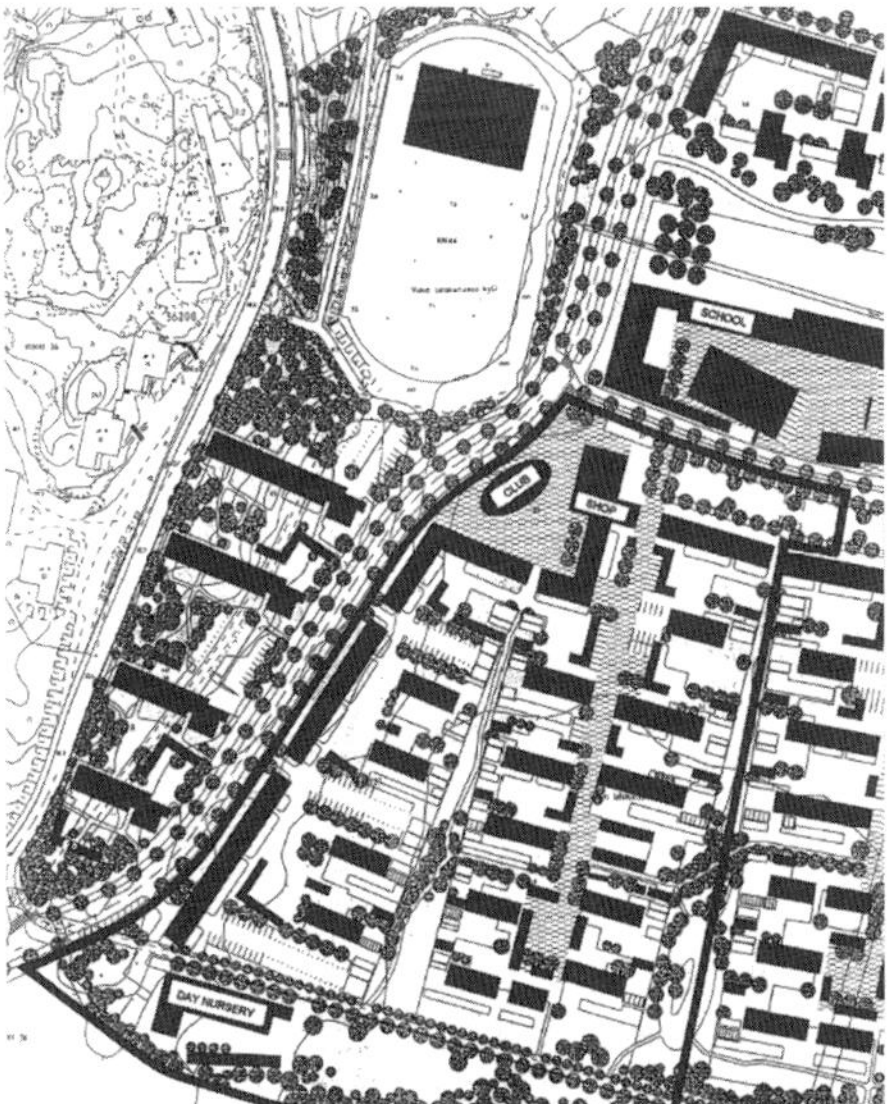

図2-5　住棟配置案

意図した植生についての説明資料も含まれる。また、耕作地の配置も提出しなければならない。

〔サービス施設、職場〕配置、計画の考え方を示すこと。サービス施設と職場はどのように住宅地域に配置するべきかのアイデアを提出し、そして住宅地と住宅の計画に関するテレワーク（遠隔勤務）についての効果の見解を示すことが望まれた。

〔交通〕庭路、自動車駐車場と自転車の保管計画に関する設計解が必要とされた。駐車場は、住宅とは別に費用を負担させるので、駐車場配置のコストを算出することも求められた。

〔エネルギー供給〕目標は省エネルギー対策と、再生可能なまたはローカルなエネルギーの利用、環境にやさしいエネルギーの生産と消費に設定された。応募者には、設計解のエネルギー経済性の評価のために、例えばエネルギー消費量、環境の効果、建設と建物の使用時のコストを計算することが可能なコンピュータソフトウェアが支給された。エネルギー供給の設計解と、コンピュータ計算の結論を説明することが求められた。

〔水供給〕上水の使用量を節約し、排水量を減らすための手段を示すこと。計画案には、雨と溶雪水、使用した水や排水の配管や処理の方法を含むこと。

〔廃棄物管理〕廃棄物の発生を低減させ、廃棄物の利用に対する考え方を示すこと。

〔情報技術〕応募者はテレワークと情報技術の成長に対する対応策を設けること。オープンな情報ネットワークとこの区域に作られる可能性のあるビル管理の自動化システムの適用についてアイデアを示すこと。

### ▼日程

招待コンペの参加登録の前に、コンペに参加することを望む多くの専門分野の人たちがチームを構成することを助ける段階が設けられた。コンペに参加する各チームは、多数の専門分野から構成されること、そして彼らが住宅計画を完成させ、その実験的な建設を遂行することが求められた。最小のチーム構成は、建築家、構造設計者、設備設計者、エコロジーの専門家とデベロッパー（事業者）であった。応募登録には、チームのノウハウの範囲、その中心的なアイデアとそのコンセプト、建設の説明資料が含まれた。参加登録したのは二九のチームであった。審査により、六チームが次の段階の一九九六年三月から七月までのコンペに招待された。それら六チームは、住宅建設に対して十分な実績を有していた。

　そして、提出期限までに応募書類と担当したい区画の希望が提出され、審査の結果はヘルシンキ市で一九九六年一〇月に発表された。

## ◇コンペの審査

### ▼審査基準

　審査員は、建築と機能、経済性とエコロジーを、見事に無理なく融合させた案を高く評価した。

次の側面は特に注意が払われた。
- 重要なエコロジカルな目的をどの程度達成したか
- 総合的なエコロジカルな観点と考え方に基づいているか
- 応募案は都市および建築の視点から成功しているか
- 生活環境は楽しく、美しく、持続可能であるか
- 住宅は機能的で、長期間の耐久性はあるか
- 設計解は技術的に、そして経済的に実現しうるか
- 生涯費用（ライフサイクルコスト）は適度か
- 選ばれた技術は革新的で、環境にやさしいか

　応募案はどれも実行可能であり、エコロジカルな建設について深く検討されていた。しかし、主催者の観点と考え方について相違点のある応募案もあった。多くのチームは、単純さや、技術への依存を避ける努力をしていたが、いくつかの応募案は明らかに技術的な解決策に依存していた。

## 【全体配置】

審査員は、屋外のスペース（広場、グリーンフィンガー、庭路、住宅の庭）を視覚的にも機能的にも配慮しながら組み立てることを努力した人たちを高く評価した。交通に対する解決策は非常に厳密にタウンプランのドラフト（以下、「ドラフト」と略記）に従っていた。しかし多くの応募案は、広場と庭路の自然なつながりに欠けていた。歩行者網のディテールが居住者の交流を促すことの重要性は、いくつかのチームにはよく理解されていた。

庭路は、もしそれが切れ目無く、うまく設計され、小規模な空間である場合は、居住者の社会的交流を最も促進する。居住者間の社会的交流は、交通サービスと駐車場、住宅の建物の一階や共用施設から、公共のリビングルーム的な機能によって促進される。

応募案では、「エコテコ」と「ＥＫＯＬＡ」はうまく成功させていた。いくつかの案は、大型の駐車場が庭路の空間をばらばらに壊していた。

チランホイタヤンカアリに沿った地域は、いくつかの案では、角地に立つような建物として扱われていた。その設計解は駐車場を庭に押し込めていた。庭空間の観点から、コンペ区域の西半分のエリアは、通りに沿った多層の建物と、グリーンフィンガーに沿った連続住宅とすることが、より良いことが分かった。

## 【環境と社会的機能性】

コンペの説明資料には、エコロジカルな住宅地域が機能を果たすためには、住民の公共的社会的精神と自発性、行動を促進することが必要条件であることが強調されていた。また、重要な環境要因は駐車場の配置と個々の住居のテラスを考慮することであった。

住居は、無理のない範囲で、各住棟ごとに地上に物置を設けることが望まれた。庭路に面した住宅の庭は、建物間の空間の私用と共用の程度によって、性質が異なってしまう。もし、その空間が概ね私用のテラスなら、他の人たちは利用できない。いくつかの作品はグリーンフィンガーに防風林を過剰に設置していた。防風林は南と北の端に設ければ十分である。いくつかの作品はグリーンフィンガーにくぼ地を作り、雨水を集めることにうまく対処していた。

## 【建物と住宅】

住宅の設計案は、主に内部空間とエコロジカルな技術に焦点を当てていた。非常に多くの応募案に、二階建ての一部に三階部分がある小規模の住棟が用いられていた。このありふれた設計解は、通常の三階建ての集合住宅にエレベーターを設置させねばならなくなる。また、通路が住棟の脇に設けられた住宅は、小さい住棟の住区には適している。

応募案の住居の平面図は十分に検討されているが、ありきたりのものが多かった。また、台所と食事スペースが小さすぎるものが多かった。庭地、地下貯蔵庫などは「暮らしの様を示すもの」となるが、台所も同様である。物置は一階に、あるいは別棟に配置した案が多かった。私用のサウナを別棟に設けた応募案は無かった。共用のサウナを設けると、社会的交流は促進され、建物の湿気の問題も軽減される。ほとんどすべての住居にはサンルームが備えられていた。特に、連続住宅には良い設計解があった。それらは空間的に面白く、サンルームを生活空間の前に配置しないことによって、北側の部屋に多くの熱や影を及ぼすことを防いでいる。中高層の集合住宅の街区で、奥行きのあるサンルームあるいはバルコニーが、しばしば下階に多くの影を与えるものも少なくなかった。

## 【建設技術、材料と維持管理】

新しい構造物のアイデアとして、蓄熱コンクリートと木材と粘土の使用法が提案された。また、湿気による被害を防ぐことだけでなく、よく使われている技術と材料の信頼性を高める努力も費やされた。応募案には、耐久性、リサイクル、修理のしやすさなどの要求条件がよく理解されていた。多くの応募案は、木造建造物を守る目的でひさしを設けていた。住居の湿りやすいスペースは、スペースを集中させる、別棟にサウナ小屋を建てるなどによって、湿気問題の防止に高く考慮が払われていた。

材料の環境への影響を比較すること、そして材料の選択のために根拠のある動機を示すことは難しいことが分かった。それは主として科学的なデータが不足しているためである。しかしながら、作品「ダーウィン建築」では、ライフサイクルに基づいた構造の革新的な経済性評価法があった。たいてい、材料の選択は当事者の判断に基づいて行われたようである。

エネルギー供給の分野で、実験に適したいくつかの提言がされた。すべての応募案で、建物の熱消費量の推定値は目標以下であった。主要な暖房方式として、ほとんどの応募案はヘルシンキ市の地域暖房を使っていたが、より効率的な低熱技術、あるいはそれと再生可能エネルギーを一緒に用いることはできなかっただろうか。応募案の中では、サンルーム、吸気の予備加熱、家庭用水道による床暖房など、太陽エネルギーはいくつかの方法で使われていた。

電力は、例えば風力や太陽エネルギーを用いた自然換気方式、薪を使う共用のサウナ、各種の冷蔵装置などによって節約されうる。しかし、電力消費量を削減することは難しいことだと分かった。

水利用について、応募案には多くのローカルな浄化や使用した水の再利用（洗浄用水）の適用可能な解決策が含まれていた。特に有望な新考案は、作品「ＥＫＯＬＡ」の排水浄化方法と、作品「小さなステップ」の雨水と排水の処理方法であった。また、参加者には区域の廃棄物管理を計画するように要請されていた。例えば、分別収集と生ごみを堆肥にすることは多くのフィンランドの都市では標準的であるので、廃棄物管理方法の開発は挑戦的課題とは考えられなかったように思われる。

## 【総括】

すべてのコンペの提案は、実行可能ではあるが、デザインや施工方法、平面図に関しては、どちらかというと従来のままであった。すべての提案に共通の特徴は、多くの場合に構造フレームから突き出たサンルームである。異なった建築物材料の環境の効果を比較することと、詳細に材料選択の説明をすることは、応募者には難しいようであった。

住宅のエコロジカルなエネルギー技術に関しては、低温技術、地熱暖房と再生可能エネルギー利用が提案された。特に太陽エネルギーは様々な方法での利用が考えられた。省エネルギーに関しては、例えば風力や太陽エネルギーによって自然換気を促進したり、薪を使う共同サウナ、斬新な冷蔵技術などがあった。水処理に関しては、小区域ごとの浄化とトイレ以外の浄化水の再利用技術の提案がいくつかあった。

## ◇審査結果

審査員は満場一致で「エコテコ」に最優秀（一等）賞を与えることに決めた。審査員の評は、「よく検討された案である」「作者はドラフトの長所を発展させ、万華鏡のような、かつ筋の通った住宅地を描いた」「この案は居住者に一体感を醸成し、また巧みにエコロジカルな建設の考え方を適用している」。

さらに、審査員は2作品、「ＥＫＯＬＡ」と「ダーウィン建築」を佳作とした。「ＥＫＯＬＡ」は「多くのアイデアに富んだ優れた作品である」「その特徴は、行き届いた全体計画と、よく考えられたディテールである」「住居の設計案は質が高い。特に連続住宅は」、「ダーウィン建築」は「建築的に最もオリジナリティのある作品である。エコロジカルな建設についての独自の視点は論理的に展開された」「この作品は、環境面だけでなく、構造面も興味深い作品である」と評されている。

そして、審査員は満場一致で、優勝案の作成チームがコンペ区域の中央部にある庭路の環境を実現することを勧告した。また、佳作の受賞チームにも建設を実行する区域が与えられることを勧告した。さらに、審査員は個々の参加チームが試みるべき最も重要な技術課題をリストアップした。それらは、瓜熱の地区暖房技術、太陽エネルギーとローカルエネルギーの使用、各住戸ごとの水管理、換気の技術革新とオープンなデータネットワークなどである。

### ▼最優秀（一等）作品名「エコテコ」　提案者：フンガ・フンガ設計集団　事業者：ＶＶＯ社

応募案はドラフトに従い、その美点を保持しつつ、さらに空間的・機能的に注目に値する方法で発展させることに成功した。「エコピハ（エコロジーの中庭）／テコピハ（行動の中庭）」というアイデアは、以後の検討過程に実り多い、そして自然な出発点となった。それは社会的交流を発展させるために必要なものを与えている。

チランホイタヤンカアリに沿った地域の計画は、参加者の中で最も優れている。駐車場が庭の地域に割り込まない。また、庭路は豊かな、そして生き生きした環境に発展する可能性を提供している。設計解は集合住宅の住区をうまく処理しているが、広さが不十分な箇所もある。庭路に面した住戸タイプは柔軟性があり、外部へのエントランスギャラリーはよくそれに

図2-6　「エコテコ」配置図

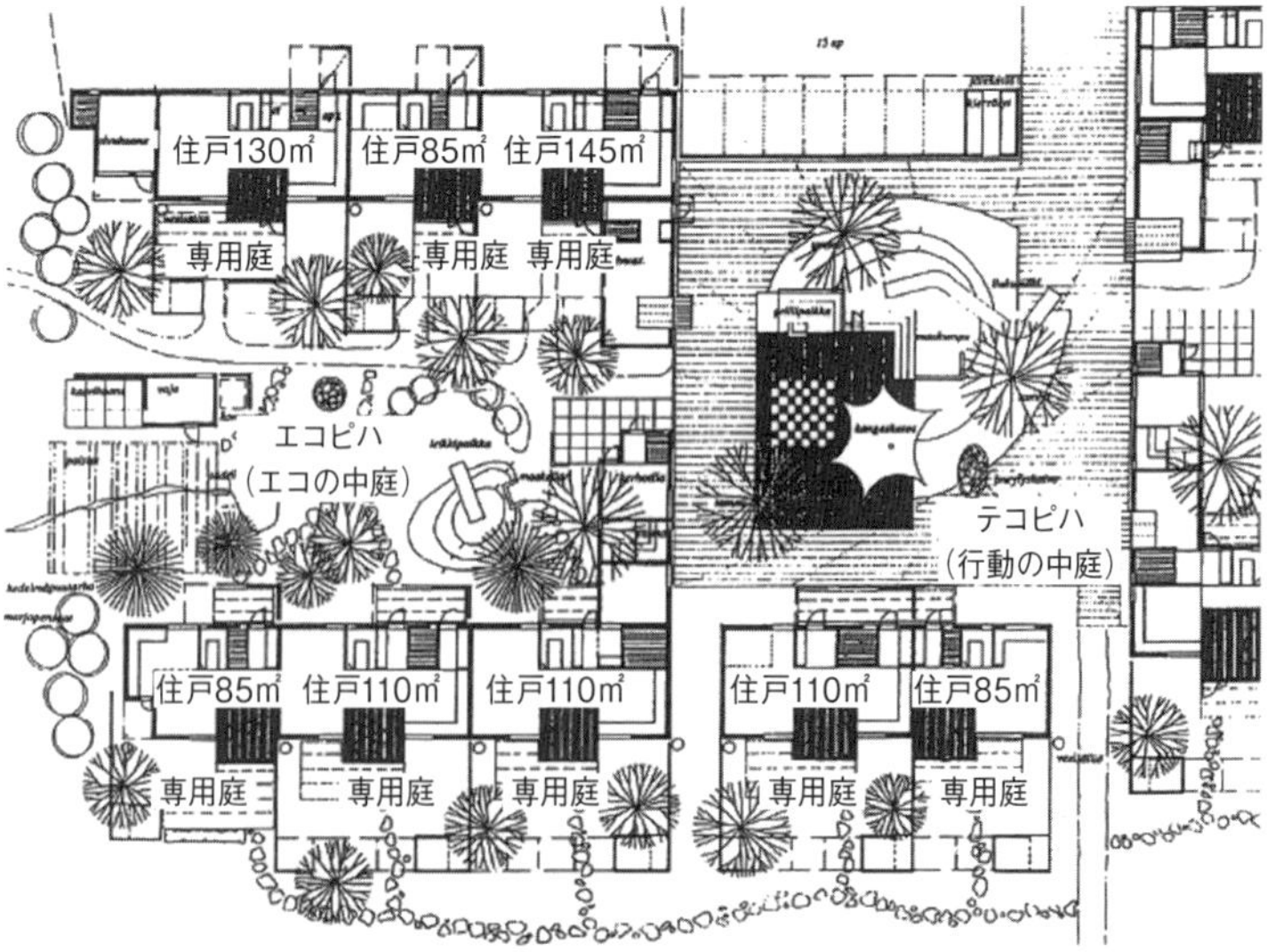


図2-7　エコピハとテコピハ（上図の破線部分）

適している。ファサードのデザインは質が高い。

建築材料と構造物の選択は、材料のエコロジカルな適性の一般的な意見に忠実である。建物は鋼あるいは木造の複雑でない躯体である。集合住宅の階層間の床はコンクリートである。建物の外殻は物理的な性質を考慮して設計されている。

木製の壁という設計解は、他の応募案よりリスキーではない。中間の床は粘土と瓦礫が混入されるので、その適合性は調査される必要がある。また、換気がサンルームを経由することの問題点を確認する必要がある。応募案は循環する温水で床暖房を行い、機械式排気にしている。地域暖房と電力の消費量はコンペの目標水準を下回っている。応募案の技術革新の一つは、食物貯蔵庫の冷却のための熱エネルギーを使うことである。また、建物のインフォメーションシステムは、将来の拡張が考慮されており、新しい考案である。

エネルギー設備の建設費は他の案と比較して平均的なレベルである。給水計画は大規模ではない。そしてそれは中水のリサイクリングを想定している。応募案は、回転式生物曝気法あるいはルートゾーンシステムで水を処理することを提案している。これらの方法はフィンランドにおいて、少なくともこのスケールでは試みられていない。雨水を集め、貯水し、潅漑でそれを使う方式は機能的であるように思われる。

### ▼佳作　作品名「EKOLA」　設計：キルスティ・シヴェン設計事務所　事業者：スカンスカ社

配置計画はドラフトに沿っている。庭路の環境は模範的であり、適切な屋外用家具によって、生き生きとした社会的交流の空間となりうるであろう。全体として、屋外空間の構築はよく考えられている。住居の平面図は質が高い。部屋が大きいので、フレキシブルな家具配置と使用ができる。住戸を横断するサンルームは、昼光の利用という見地から良い設計解である。ファサードは設計意図を物語っている。

この作品は、異なった材料の最適な組み合わせ（耐久性、維持管理と更新性）に基づいて、エコロジカルなファサード材料を見つける積極的な試みを示している。用いられた構造はよく知られたものである。湿気の防止と構造体の腐敗に関して配慮されている。廃棄物が少ない表面材料が使われている。

作品は、住宅に関してはかなりよく知られている技術を利用した。低温度の地域暖房、太陽エネルギーで用水や室内を温めるアクティブな省エネルギー技術を用いている。明らかに、購入される熱エネルギー消費量はコンペの目標を達成している。また電力消費量も目標水準より少ない。提案されたエネルギーシステムの建設費は応募案の中で最も低い。

上下水道は、ヘルシンキ市の上水道と下水道につなげている。一つの住区では、使用水の浄化と再利用を取り入れている。

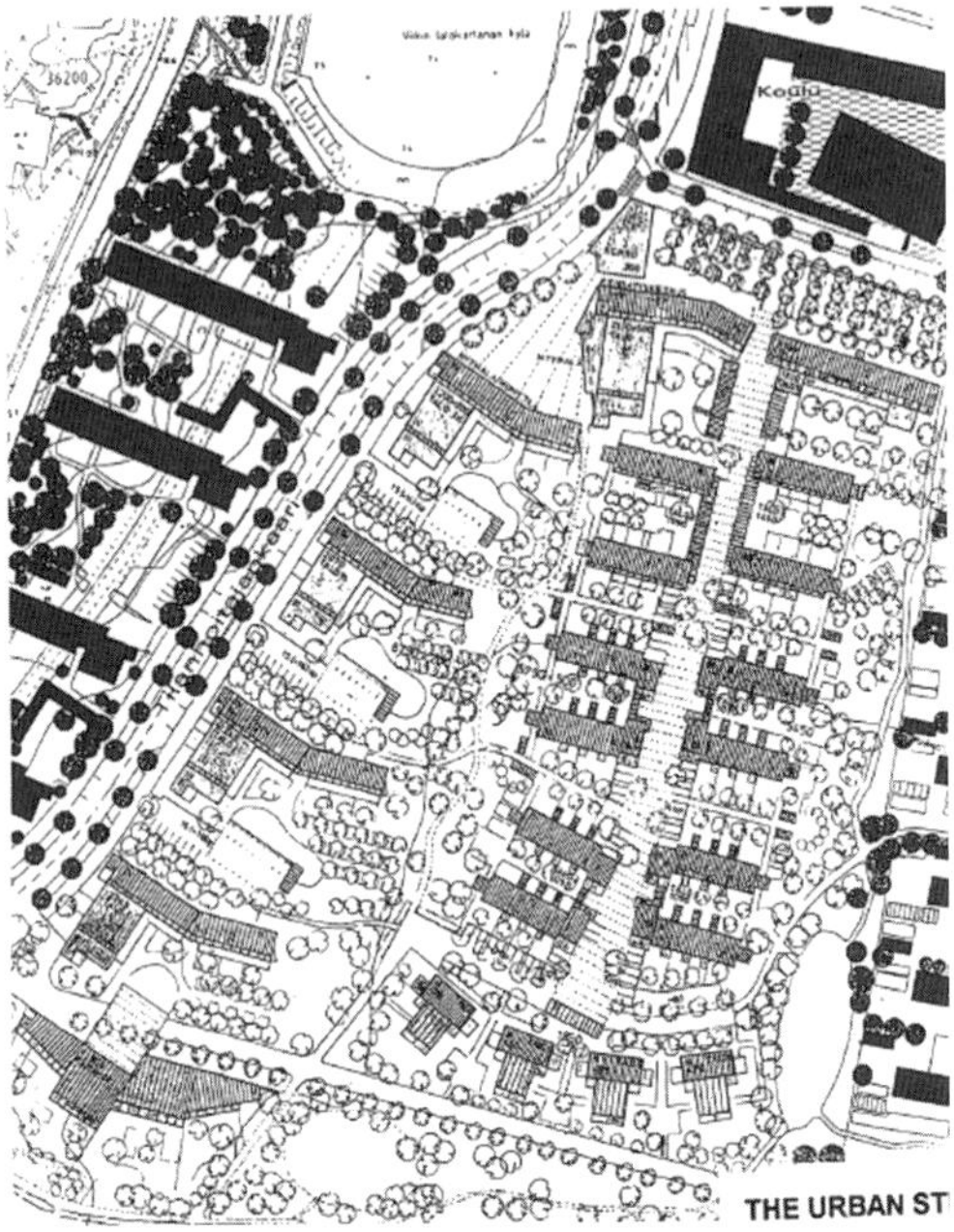


図2-8 「EKOLA」配置図

図2-9 住宅断面図

図2-10 住宅側面図

すべての住居に、水道使用量を遠隔監視できる測定器と節水型の衛生設備が設置されている。エネルギーと水の消費に関する情報の提供と、建物の技術システムの使用法をガイドすることによって、データネットワークは建物のユーザーを支援する。

### ▼佳作　作品名「ダーウィン建築」　設計：レイヨ・ヤリノヤ設計事務所　事業者：ＹＩＴ社

独自性が強い案。ドラフトからは逸脱しているが、非常に新奇性があり、論理的に考察されている。都市構造は開放的性格を持っている。しかし、その内部の動線の構造はあいまいである。建物は景観のなかで自由に浮かんでいる。都市構造に対する考え方は、ドラフトの全体像につながらないばかりか、狭い範囲での社会的交流の出現を促進しない。しかしながら、近隣のレベルにおいて全体として、その独創性は住民の間に共通の感情を引き起こすことができるであろう。ファサードの表情は陽性で生き生きとしている。いくつかの住居タイプには、家具を備え付けることが難しい部屋がある。住居の一部は一つの方角のみに開かれている。

空間的な設計の考え方と建築材料の選択は、建物に設定された目標である長寿命、フレキシビリティ、空間の利用効率、経済性指向と技術の信頼性などの目標には十分な根拠があり、それを達成するための手段はたいてい精選されている。建物の外壁に関する検討は革新的な方法で、経済性とエコロジカルな観点を結合している。提案された信頼性が高い均質的な躯体蓄熱コンクリートの外壁を開発することは可能であり、ピラースラブ（柱を基礎のスラブの上に立てる方式）構造は工法としても経済的にもメリットがある。

応募案は住戸内に対しては確実性の高い技術を適用している。空気暖房設備が設けられ、湿りやすい部屋には床暖房が使われた。地域暖房の消費量は明らかにコンペの目標水準を下回っている（断熱性能の高い外壁、高断熱性の窓）。一方、電力消費量の推定値は目標水準を超える。エネルギー設備のコストは応募案の平均的な値である。新しいエネルギー技術として、予熱のための輻射暖房器と屋上緑化がある。

水道はヘルシンキ市の上下水道に接続している。応募者は、計画区域で分離と処理するより経済的でエコロジカルであると述べている。雨水の排水設備は革新的である。

各応募案に示された新しいアイデアの中には、実行されなかったものも少なくない。例えば、粘土と建設廃棄物からリサイクルされた材料を混合した床材、生活排水の浄化システム、地熱エネルギーを使って冷蔵スペースを冷やす提案は、技術的側面や経済性の検討の結果、採用されなかった。同じく、最も重要と思われた保温性が高い躯体蓄熱コンクリートは、建設段階が問題があることが分かり不採用となった。

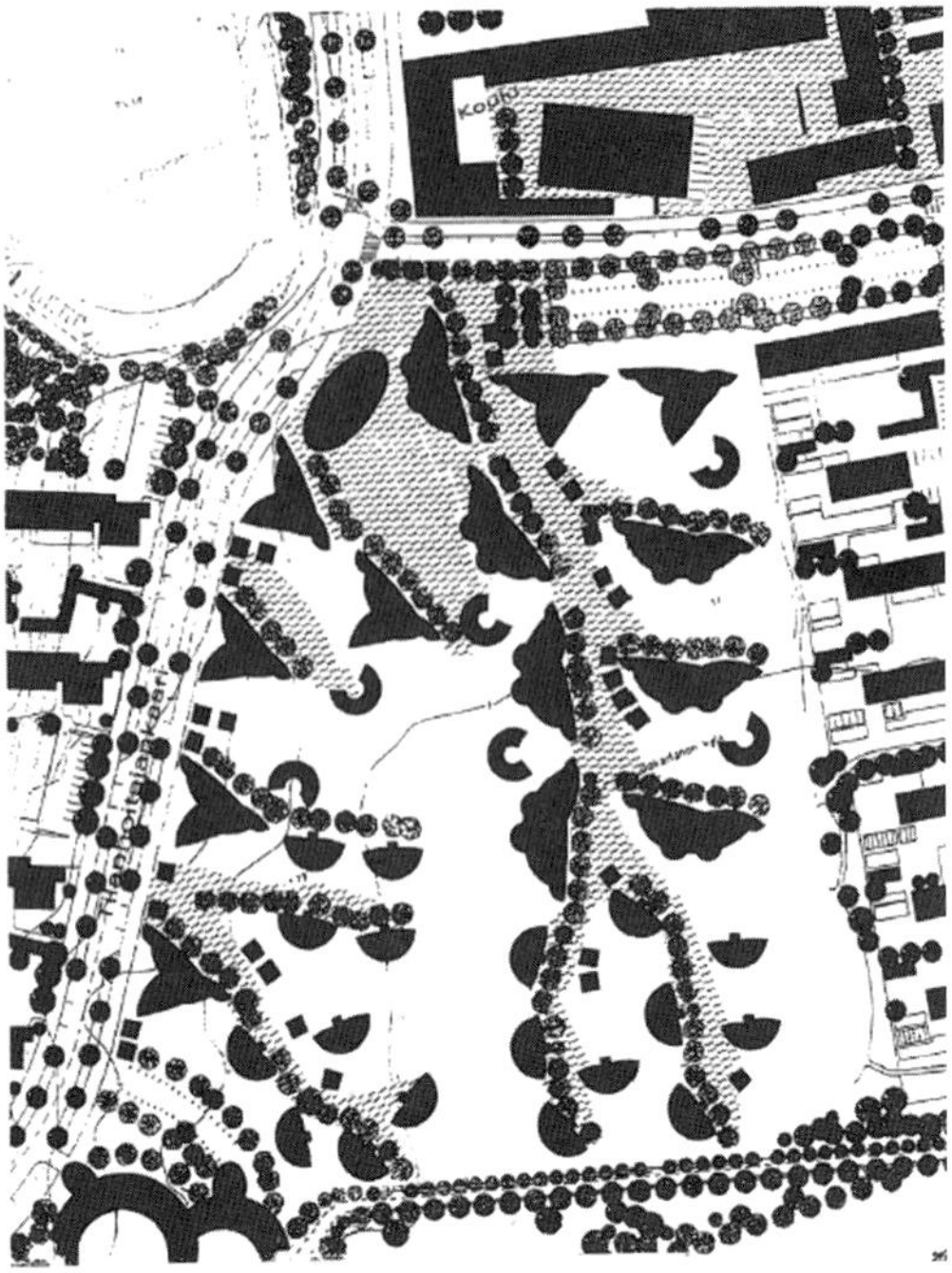

図2-11　「ダーウィン建築」配置図

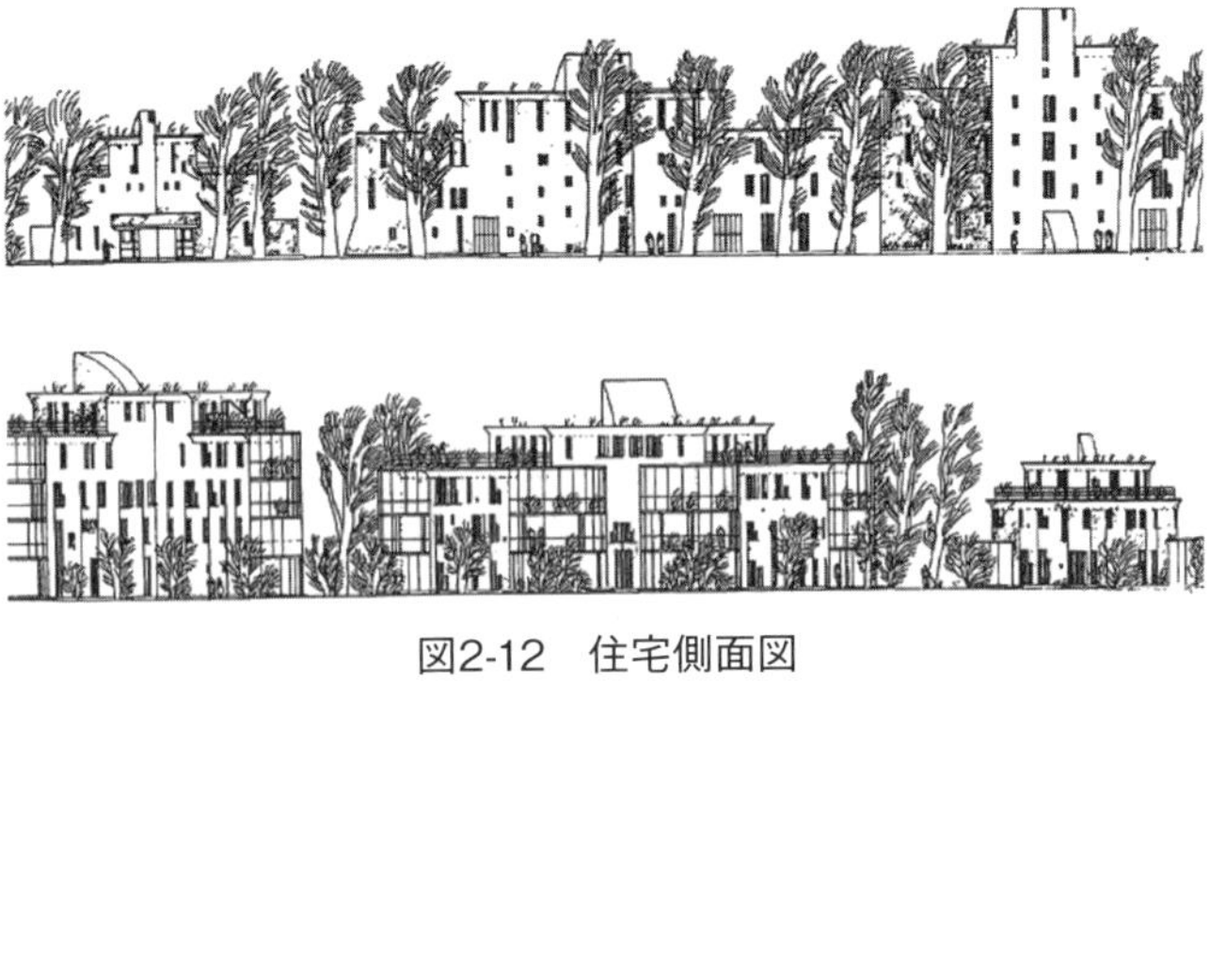

図2-12　住宅側面図

他方、太陽エネルギーの利用技術は多くの住宅で採用された。また、建築物と区域全体での情報ネットワークとビルディングオートメーションについては、一般的水準より高い提案があったが、外部のブロードバンド接続が普及し、コンペ区域だけの情報ネットワークを作ることは実現しなかった。

## ▼区画の割り当て

一九九六年一〇月にコンペの結果が発表された。タウンプランのドラフトは、コンペ提案が実行できるように修正された。コンペ対象区域の東側は最優秀賞を受賞したＶＶＯ社のグループが建設を担当することになり、他のグループにも担当範囲が示された。なお、南東の隅のエリアはセルフビルドで建設する区画と決まった。セルフビルドというのは、居住者たちのグループが設計者と施工者を雇用する方式であり、日本のコーポラティブ住宅に似た方式である。

ＹＩＴ社は住作の「ダーウィン建築」を提案したグループで、戸数としては一九四戸を担当した。スカンスカ社は建設業としては世界第二位の多国籍企業で、本社はスウェーデンにある。ＶＶＯ社は国内のおよそ六〇都市に賃貸住宅計三万八〇〇〇戸を持つフィンランドで最大の住宅会社であり、住宅の開発と建設、および販売と賃貸事業を展開している。

ＨＥＬＡＳは「ヘルシンキ地区居住権住宅協会」の意で、居住権住宅に特化した団体である。ヘルシンキ市は、住宅局が事業者となった。

### 参考文献

EKOLOGINEN ASUINALUE VIIKKIN. ARKKITEHTUURIKILPAILUJA 3/96

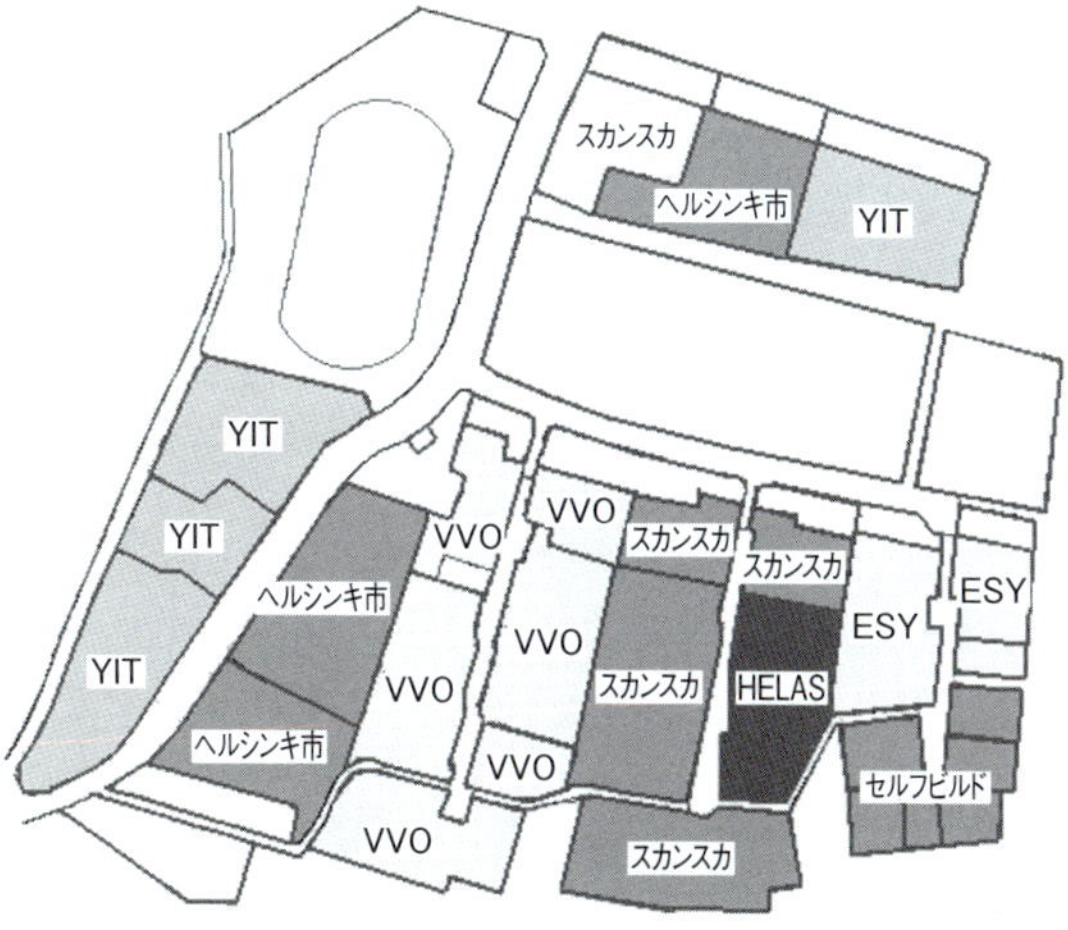


図2-13　事業者の割り当て

## エピソード 賞金ハンター

トゥルクの町をペトリ・ラークソネンの事務所に向かって歩いていくと、アウル川のほとりにランナーの銅像があった。近寄ってみると、一九二〇年から二八年までのオリンピックで、中長距離競技で合計九個の金メダルを獲得したパーヴォ・ヌルミというランナーの像だった。ヌルミはこの町が輩出した国民的英雄なのである。

ラークソネンの事務所のドアを開けると、ずらりとランニングシューズが並べられていた。筆者も時々ランニングの大会に参加していたので、「僕もランナーなんですよ」と言うと、脇のクローゼットルームを開けて、シューズラックに並べられた、もっと多くのランニングシューズも見せてくれた。彼は八〇〇メートルでは国内チャンピオンになったことがあり、今はオリエンテーリングの競技会で活躍しているそうだ。

インタビューを終えて、エコ・ヴィーッキのコンペの賞金は何に使ったのかと聞いたら、「株などに投資した。日本の企業にも投資した」という返事。日本では、投資に熱心な設計者なんて聞いたことがないと言ったら、自分はコンペの賞金は主に投資に使っていると答えた。投資に関心があるなんて、裕福な家庭に育ったのかと聞いたら、「いや、そんなことはない。母子家庭で育った」という返事だった。

修士課程を修了して間もない三〇歳前後の時にエコ・ヴィーッキのコンペで勝ち、賞金を投資に回す判断をしていたのだ。

ランニングシューズ

# 第3章　クライテリア

イトトンボ（ハンヌ・サルバンネ画）　ヴィーキンオーヤ水路で数種が棲息している。

## 1 エコロジカルさを測る基準

エコ・ヴィーッキプロジェクトの担当者の間では、すでに早い段階から、どうあればエコロジカルなのかを判定できる、ある種の評価基準が必要だという認識があったが、実際に二つのコンペの審査の過程で、測定可能な尺度を持つ評価基準が必要であることが痛感された。当時、海外にはＢＲＥＥＭやＧＢＣという基準があったが、担当者たちは、それをそのままこのプロジェクトに適用することは難しいと感じていた。そこで、「ヴィーッキのエコロジカルな建物のクライテリア（基準）」の作成が、ヘルシンキ市都市計画局と環境省によって進められることになった。

その基準を作る作業グループを公募し、応募した三つのグループの中から、カイ・ヴァルツィアイネン氏をリーダーとするグループが選ばれた。そのメンバーは、アリ・ペンナネン（タンペレ大学助教授）、ライモ・インキネン（ポルストゥープ社）、ヨエル・マユリネン（ヨエル・マユリネンコンサルタント社）、カイ・ヴァルツィアイネン（元スウェーデン王立工科大学教授、カイ・ヴァルツィアイネン設計事務所）、テロ・アアルトネン（マティ・オリラ技術事務所）、ユハ・ガブリエルソン（ユハ・ガブリエルソン社）の六名である。

クライテリア作成は、リーッタ・ヤルカネン（ヘルシンキ市）、アイラ・コルピヴァーラ（環境省）、ヘイッキ・リンネ（ヘルシンキ市）、ハルト・ラティ（フィンランド技術庁）、ケイヨ・シーボネンとリスト・キッタラ（ヘルシンキ市）の監理の元に遂行され、一九九七年五月に報告書が完成した。

作業グループのメンバーの一人、アリ・ペンナネン助教授に話を伺った。

**Q　あなたのご所属、エコ・ヴィーッキプロジェクトにおけるあなたの役割を教えてください。**

A　私はタンペレ大学の建築と土木工学の助教授です。また、プロジェクトマネージメントと調査研究を業務とするハーテラ・グループで、研究者とプロジェクトマネージャーをしています。

写真 3-1　アリ・ペンナネン

エコ・ヴィーッキプロジェクトが始まった時、エコロジーあるいはエコロジカルな都市計画の定義や基準はありませんでした。それで私たちのグループに、エコロジーを定義し、またその基準を作成することが依頼されました。

**Q　あなたがこの仕事を始めたとき、何が最も重要なことだと考えましたか？**

A　エコロジーの定義に関して、当時フィンランドでは、そして今でも、二つの考え方があります。

一方は、エコロジカルな生活とは、田舎に点在する小さな家での生活だという考え方です。もう一方は、都市の高密度な高層住宅での考え方です。その考え方はお互いにかけ離れていますが、どちらも間違いではありません。しかし、エコロジーの定義を考えることを難しくさせています。

そしてまた、フィンランドでエコロジーを理解することを難しくさせていたのは、「人間中心の観点」と「自然中心の観点」とでも言うべき二つの観点があることでした。

「自然中心の観点」は、すべての創造物が生きる権利と価値を持っていると考えます。どちらの生物や種がより価値が高いかということを、人間が測ることはできません。天然痘ウイルスも、フィンランドでは貴重な飛びリスと同等の価値を有すると考えます。そして、人間は自然に影響を及ぼし、自然を破壊して、エコロジーに反する行動を行うので、人間の数を減らすことがエコロジーに沿うことになります。

他方、もし「人間中心の観点」から考えるなら、私たちはどんな世界で暮らしたいか、そして子孫に残したいかを追求することになります。

最初に、私たちは自然がどれぐらい壊れやすいかを調べました。生物が誕生して以来、ほとんどすべての種が姿を消したことが少なくとも五回ありました。最後のものは、およそ八〇〇〇万年前に恐竜が絶滅した時でした。そして、最も壊滅的だったのはおよそ二億二五〇〇万年前で、種のおよそ九五％以上が絶滅しました。どちらも大惨事の二〇〇〇万年後、これは地質学的には非常に短期間ですが、自然は大変豊かになりました。ということから私たちは、人間が自然を叩き潰すことはできないという結論を得ました。もし、私たちが他の種と私たち自身を壊滅させようとしても、若干生き残ったものが、やがて我々の後に、非常に素晴しい豊かな世界を築くでしょう。

そこで、私たちは「人間中心の観点」を選択しました。私たちは、今どんな環境に暮らすことを望むのでしょうか、子孫にどんな環境を与えることを望むのでしょうか。結果はそれほど異なっていません。私たちは、私たちを護るために天然痘ウイルスを殺すことができます。しかし、私たちはありのままの自然の大部分が好きです。結果は大体同じです。

**Q　最も難しい問題は何でしたか？どのようにそれを克服したのですか？**

Ａ　私は、人々はエコロジーについて大変に異なったことを考えていると申し上げました。そこで、私たちがエコロジーを厳密に定義して、他の人たちがそれに従わねばならないようにはしたくありませんでした。

私は、エコロジーに関する夢に対して異なる意見が表明できる融通性のある、開かれた枠組みを作ろうと思いました。もし、エコロジカルな目標が異なっていたら、それを議論して決められる枠組みを作って、この問題に対処できるようにしました。

私たちは、エコロジーのために重要であると思われる、汚染、天然資源、人間の健康、生物多様性と食糧生産などの分野を示しましたが、どう行動すべきかまでは言いませんでした。これらの分野はすべて重要です。私たちは、自然資源の使用を低減し、汚染の排出も低減して、健康に良くない環境を作るようなエコロジー的な世界を作るべきではありません。

なお、それらの分野の中で、食糧生産はフィンランドではそれほど重要ではありませんが、世界的な意味で重要です。

そして私たちは、どのような対策を取りうるかを考えました。二つの方法があります。一つは工学的手段、例えば、より良い建物、より良い設備、よりエネルギーの使用を低減するというようなことです。他の方法は社会的手段です。日々の暮らしの中でエコロジーのために何かを使う量を節約することです。それは本当に大変に難しいことです。しかし、恐らくすべての面で、最も良い方法は建築する量を削減することです。建築する量を削減すれば、汚染物質は少なくなり、使用する天然資源も少なく、生物的多様性に与える影響も少なく、そして土地を少ししか使いません。そして、食糧を生産する可能性も残します。それで結論は、私たちは機能性の優れた小さい住宅を作るべきであるということになります。もし、物理学者のように物事の成り立ちを論理的に組み立てるならば、最初に人が暮らすことを望む環境を定義し、次にそのようなバランスがとれた環境を達成できる手段を研究し、最終的にその環境を実現するということは可能かもしれません。そのようにして、自然の見地から理想的な大気中の二酸化炭素の量は設定され、環境中の炭素の循環は正確に確認され、そして最終的に、建物分野は制御された炭素サイクルの中に一つの構成要素として統合化されるでしょう。しかし、自然は静的ではなく、ダイナミックなシステムなので、もちろん可能ではありません。かつて、自然の中に大型の動物が現れたとき、常にそれを捕食する剣歯獣が栄えました。一般に、肉食動物は獲物を食い尽くすと絶滅してしまいます。自然はダイナミックであるだけでなく、複雑でもあるのです。種の繁栄と絶滅のドラマは、微生物の世界では私たちの身の回りで日々繰り返されています。

自然界だけでなく、人間社会の考え方もダイナミックに変化するので、自然に対する物理学的な制御を不可能にさせています。一九六〇年代にフィンランドでは、自動車の交通事故で毎年一〇〇〇人以上の人々が生命を奪われていました。そこで、一般的な制限速度の規制が導入されました。もし、人命が学校で教えられるように何物にも代えがたいものであるなら、自動車の制限速度は時速一〇キロメートル程度にすべきだったと思います。しかし、そうではなく、年間五〇〇人以下の死者というレベルが、当時の社会によって受け入れられたのです。

理想的な未来の環境の水準を定義するのは難しいことです。しかし、現在または近未来の環境をより良くしようとすることは、やりやすい。少なくとも達成すべき方向は設定できます。そして、その水準は時の経過とともに政治的な状況によって設定されるでしょう。例えば、現在の大気中への二酸化炭素と硫黄の排気量の削減は政治的な判断によるものと思います。


（インタビュー二〇一一年五月三一日）

## ▼四つのステップ

作業グループによって「ヴィーッキのエコロジカルな建物のクライテリア」は一九九七年春に完成された。この作業グループはメンバーのイニシャルからピンバグ（ＰＩＮＷＡＧ）作業グループと呼ばれていたため、評価の仕組みはピンバグメソッド、評価点はピンバグポイントと呼ばれるようになった。

作業グループの報告書には、エコロジーを含む環境問題の原因は、高度に専門化した現代の科学技術の中で、科学者、技術者、研究者が、自分の専門分野の課題解決には熱心に取り組むが、他の領域やシステムの全体に波及する影響に対する注意や関心が希薄になったためであるという反省や、エコロジカルな住宅および住環境を作るには、従来の計画や設計のプロセスに何かを付け加えるのではなく、プロセス自体を全面的に変革すべきではないかといった問題提起も含まれていた。

そして、エコ・ヴィーッキでは、エコロジーに配慮した建築が、①エコロジカルな基準の最低要求水準を達成すること、②作成したクライテリアのピンバグポイントを使って設計案を改善すること、③先進的な実験的住宅を建設すること、④モニタリング（追跡調査）を実施して今後の建築の計画プロセスに多くの情報を与えることという四つのステップを経て達成されると述べている。

### 【第一ステップ　最低要求水準】

ヘルシンキ大都市圏における現在の建築の平均の状態を代表させるために、在来の集合住宅のデザインに基づいて、建物の環境負荷に関わる主要な数値が計算された。その検討の出発点は、建設費用のおよそ五％の増大を認めることであった。設計の目標は、五〇年と仮定した建物の使用期間にわたって全体の出費（生涯費用）が減少するように設定すべきである。

### 【第二ステップ　ピンバグメソッド】

ピンバグポイントは実験的な建築プロジェクトの質を評価するために使われるもので、各評価項目の点数にウエイトを乗じて算出される。

最低要求水準をすべての項目で満たしただけのピンバグポイントはゼロポイントである。建物のエコロジカルな特性を改善することによって、その敷地のデベロッパーはピンバグポイントを高められる。ピンバグポイントの取りうる最大値は三〇ポイントである。

【第三ステップ　実験的建築】

実験的建築は、注意を引き付けることが可能な、例外的に高い質の建物を作ることを目指している。これらは常に中期の追跡研究と商業的な製品開発プロジェクトに結びつけられるべきである。

【第四ステップ　モニタリング】

モニタリングの目的は、エコロジカルな実験的住宅の目標の達成状況を確認し、必要な技術的知識を十分に普及させることである。さらに、新しい知識の創造にも目を向けねばならない。

## 2 ピンバグメソッド

### ◇評価項目の体系

作成されたクライテリアの評価項目の体系は、汚染、天然資源、健康、生物多様性、食糧生産の五つの分野から成り、各分野に二つから五つの項目を含む構成になっている。

その評価項目ごとに「最低要求水準」「優れた設計」「大変に優れた設計」の三段階の区分があり、その基準値が示されている。また、測定方法も示している。

#### ▼汚染（PO）

建築材料の製造や建物の維持管理にはエネルギーが消費される。また、構築された環境において、交通システムもエネルギーを消費する。それらに伴って、二酸化炭素、二酸化硫黄、窒素と微細粉塵が大気中に放出される。また、建物が解体されると、すべてがごみ捨て場に運ばれて新たな問題を作り出すというように、建築行為は明らかに環境を汚染する行為である。しかし、汚染の量は、建築容積を小さくし、より少ないエネルギーや交通量を使って建設し、そして建物の耐久性を増し、リサイクル可能な材料を用いたり、再使用しやすい形態で使用することによって低減できる。その際の技術の選択と技術の改良が、製造と維持管理のエネルギー消費に影響を及ぼす。

建物から大気あるいは土壌への排出物の量は定められた値を超えてはならない。同様に、建築によって生成されたリサイクル不能な廃棄物の量も定められた値を超えてはならない。それらの値は建物の延べ床面積に基づいて計算される。

## 【P01　二酸化炭素】

炭素酸化物、硫黄と窒素など、大気を汚染する物質は主としてエネルギーの使用によって生成される。これらすべての排気量はエネルギーの使用量に比例しており、ヴィーッキのプロジェクトでは、それらの物質を代表して二酸化炭素だけに排出量が定められた。

参照建物の建築材料の生産と五〇年間の使用および建物のメンテナンスによる二酸化炭素排出量は一平方メートル当たり四〇〇〇キログラムと計算され、最低要求水準はそれを二〇%削減した三二〇〇キログラム、優れた設計は三三%、大変に優れた設計は四五%削減した値を上回る値としている。

その排出量は、フィンランド技術研究センター（ＶＴＴ）によって作成されたＢＥＥソフトウェアを使って計算する。なお、建設工事における二酸化炭素排出量は、算定が難しいため、評価の対象に含めていない。

## 【P02　水】

人間は日々の生活で水を使い、汚染された水が排出される。一般に上水使用量と排水量とは直接の相関関係があるので、建物の排水量は上水道の使用量で推定できる。再循環と浄化システムはともに排水量を低減させる。雨水が直接に家庭の用水として使われると、上水使用量と排水量との相関関係は弱まる。

一般的な統計値で算出した参照建物の水消費量は、一人一日当たり一六〇リットルであった。最低要求水準は二二%、優れた設計は三四%、大変に優れた設計は四七%を削減した値としている。

設計時のポイントは、建物の建設許可の申請書類に含まれる衛生図面に示される水消費の削減策から判定し、追跡調査では、温水と冷水の消費量を特定の遠隔測定器によって測定する予定になっている。

【P03　建設廃棄物】

建設工事によって発生する廃棄物の量は、延べ床面積ごとの重量で評価する。余剰の土壌は工事廃棄物に含めない。

参照建物の工事廃棄物量は延べ床面積に対し、一平方メートル当たり二〇キログラムと推定された。最低要求水準は一〇％、優れた施工法は二五％、大変に優れた施工法は五〇％を削減した値としている。

一般に廃棄物の量は、廃棄物を分別し、あらかじめ加工された材料を使い、再利用可能な機器を使用することによって削減できる。さらに建設サイトでは、外装パネルのような材料の反復使用やプレファブ化、住戸に設置する器具の梱包の簡略化などによって削減できる。

追跡調査は、建物仕様書で示される廃棄物の削減量によって測定する。

【P04　家庭ごみ】

建物の使用期間の固形廃棄物量は分別前の廃棄物の量で測られる。

参照建物の廃棄物量は、年間一人当たり二百キログラムであった。最低要求水準は二〇％、優れた設計は三〇％、大変に優れた設計は四〇％を削減した値としている。

分別前の廃棄物量の削減は、廃棄物管理計画（必要なスペースと分別する可能性を記述）で示され、後に追跡調査の対象となる。

【P05　エコラベル】

汚染は、北欧またはＥＵのエコラベルの基準を満たす材料を使用することによって削減できる。ＥＵでは、環境負荷を低減する製品の促進、資源の有効活用と環境保護への貢献を目的として、環境に関する一定の条件を満たした製品にエコラベルの使用を認める制度を一九九二年から開始した。対象製品は、洗剤、家電製品、衣料品、紙製品、住宅・ガーデニング用品などで、二〇〇五年末時点で二三品目についてエコラベル取得のための基準が確立されている。

優れた設計は「床仕上げ材と接着剤、あるいは室内用塗料にエコラベル商品を使用」することを規定した場合、大変に優れた設計は「床仕上げ材と接着剤、および室内用塗料にエコラベル商品を使用」することを規定した場合としている。追跡

表3-1　汚染分野の評価方法

| 評価項目 | ポイント | 基準値 | 参照建物からの差 |
|---|---|---|---|
| PO 1<br>二酸化炭素 | 0点 | 3,200 kg/㎡/50年 | −20% |
| | 1点 | 2,700 kg/㎡/50年 | −33% |
| | 2点 | 2,200 kg/㎡/50年 | −45% |
| PO 2<br>水 | 0点 | 125 リットル/人/日 | −22% |
| | 1点 | 105 リットル/人/日 | −34% |
| | 2点 | 85 リットル/人/日 | −47% |
| PO 3<br>建設廃棄物 | 0点 | 18 kg/㎡ | −10% |
| | 1点 | 15 kg/㎡ | −25% |
| | 2点 | 10 kg/㎡ | −50% |
| PO 4<br>家庭ごみ | 0点 | 160 kg/人/年 | −20% |
| | 1点 | 140 kg/人/年 | −30% |
| | 2点 | 120 kg/人/年 | −40% |
| PO 5<br>エコラベル | 0点 | 要求項目はなし | |
| | 1点 | 床仕上げ材と接着剤、あるいは室内用塗料にエコラベル商品を使用 | |
| | 2点 | 床仕上げ材と接着剤、および室内用塗料にエコラベル商品を使用 | |

調査は、建物仕様書に示された材料の規定に基づいて判定する。

### ▼天然資源（NA）

建物は直接的に、そして長期にわたり天然資源を消費する。コンクリート、砂利と木材の使用は、産地の「景観」という天然資源をも変えてしまう。様々な建築部品の製造過程で再生不能なエネルギー資源が広範囲に使われる。そして、建物の使用段階では、建設までの段階に比べてはるかに多量のエネルギーを使用し、補修や改築などによって建築資材とエネルギーを消費する。

より良く、より少なく建設すること、あるいは再生可能な材料や、それを消費することが受容される資源（現時点では、木材とリサイクルされた材料）を使用することである。また、建物の建設量を減らすこと、建物の耐久性を高めること、別の用途に再使用できる設計にしたり、再生可能な天然資源を使うことによって環境への負荷を削減できる。エネルギー消費を減らすことは、再生不能な化石燃料を保護する。

化石燃料の消費は、建物の使用期間に購入された地域暖房エネルギー（給湯用温水も含む）の量、購入された電気エネルギーの量、建築材料に使われたエネルギー、五〇年間の建物維持管理のために必要なエネルギーから測定される。一次エネルギー量の計算には、それを生産する際のエネルギー損失を考慮する。

### 【NA1　熱エネルギー】

参照建物の暖房エネルギー消費は、年間一平方メートル当たり一六〇キロワット時であった。最低要求水準は三四％、優れた設計は四七％、大変に優れた設計は五九％を削減した値としている。

これを削減するための重要な手段は、建物の断熱性能の向上、換気の際の冷たい吸気と暖かい排気との熱交換器の採用などである。

暖房エネルギーの消費量は専用のソフトウェアを使って計算する。

追跡調査には、地域暖房エネルギーの購入量を用いる。

## 【NA2　電力】

参照建物の電力消費量（各住戸の消費量、共用部分の消費量と維持管理で使われる消費量の合計）は年間一平方メートル当たり四五キロワット時であった。最低要求水準は参照建物と同水準、優れた設計は一一％、大変に優れた設計は二二％を削減した値としている。

各住戸の設計図書で、電力消費に対する方策は電力使用計画で示される。もし電力の使用が全体のエネルギー消費量を削減できるなら、最低要求水準の適用は考慮される。

追跡調査は、住区ごとの電力消費量で測定する。

## 【NA3　一次エネルギー】

一次エネルギーの項目が対象とするのは、建築材料の製造過程で使われたエネルギーと、五〇年間にわたる建物の使用期間に使われるエネルギーである。工事現場の作業用機械で消費されるエネルギー消費量は把握が難しく、量的にも多くないので、対象に含めない。

参照建物の一次エネルギー消費は、五〇年間で一平方メートル当たり三七ギガジュールであった。最低要求水準は一九％、優れた設計は三二％、大変に優れた設計は四六％を削減した値としている。

一次エネルギー消費量はＢＥＥソフトウェアを使って算定する。

## 【NA4　空間利用】

住宅の密度を増やすことは、天然資源の使用量の削減に最も効果がある。また、小人数の居住者が満足できる間取りで、間取りを変更せずに家族の成長に対応できる平面計画は、様々な生活状況の家族に対応でき、天然資源を節約できる。

最低要求水準は従来の設計解、優れた設計は「住宅の一五％がフレキシブルであるか、住居の機能を共用化している」、大変に優れた設計は「住宅の一五％がフレキシブルであるか、住居の機能を共用化しており、建物に多目的スペースがある」としている。

衣類の洗濯と乾燥、サウナ入浴のような行為を共有スペースで行い個々の住戸から取り除くことは、空間の利用効率を高める。多目的スペースを遠隔勤務に用いれば、通勤の交通量を削減できる。そして、構造体、間仕切壁、外壁、設備機器の修繕や改変が容易な方式の考案や導入なども天然資源の使用量を削減する。

表3-2　天然資源分野の評価方法

| 評価項目 | ポイント | 基準値 | 参照建物からの差 |
|---|---|---|---|
| NA 1<br>熱エネルギー | 0点 | 105 kWh/㎡/年 | −34% |
| | 1点 | 85 kWh/㎡/年 | −47% |
| | 2点 | 65 kWh/㎡/年 | −59% |
| NA 2<br>電力 | 0点 | 45 kWh/㎡/年 | 0% |
| | 1点 | 40 kWh/㎡/年 | −11% |
| | 2点 | 35 kWh/㎡/年 | −22% |
| NA 3<br>一次エネルギー | 0点 | 30 GJ/㎡/50年 | −19% |
| | 1点 | 25 GJ/㎡/50年 | −32% |
| | 2点 | 20 GJ/㎡/50年 | −46% |
| NA 4<br>空間利用 | 0点 | 従来の設計解 | |
| | 1点 | 住宅の15%がフレキシブルであるか、住居の機能を共用化している | |
| | 2点 | 住宅の15%がフレキシブルであるか、住居の機能を共用化しており、建物に多目的スペースがある | |

## ▼健康（HE）

通常、健康という言葉は肉体の健康を指す。この問題は有毒な建築材料を禁止することによって改善される。肉体の健康は、建物の周りに好ましい微気候を作るだけでなく、室内に健康的な快適な環境を作ることによって高められる。湿気による健康障害（カビなど）が起こらないようにすべきである。

そして、精神的に健康な生活環境も同様に重要である。その環境を築くことは、以前は均質であった社会が、ますます分解され、解体されてゆくために、より難しくなっている。ある人にとっては楽園であるものが、他の人には地獄であることがありうる。その解決策は、各区域あるいは副区域の特徴を強く出すこと、他のところとバランスの取れた供給をすること、そして一般には集合住宅の転居を容易にすることなどである。

### 【HE1　屋内気候】

屋内気候の基準は、既存の室内気候目標値、設計施工ガイダンス、建材の品質要求水準を用いて設定された。

室内気候目標値の空気質分類は、目標値が三等級に分級されており、アンモニア、ホルムアルデヒド、揮発性有機化合物などの室内濃度が示されている。建材の品質要求水

表3-3　室内気候目標値

| 項目 | S1 | S2 | S3 |
|---|---|---|---|
| アンモニア | 30 μg/㎥ | | 40 μg/㎥ |
| ホルムアルデヒド | 30 μg/㎥ | 50 μg/㎥ | 100 μg/㎥ |
| 揮発性有機化合物 | 200 μg/㎥ | 300 μg/㎥ | 600 μg/㎥ |
| 二酸化炭素 | 700 ppm | 900 ppm | 1200 ppm |
| 一酸化炭素 | 2 mg/㎥ | 3 mg/㎥ | 8 mg/㎥ |
| オゾン | 20 μg/㎥ | 50 μg/㎥ | 80 μg/㎥ |
| ラドン | 100 Bq/㎥ | | 200 Bq/㎥ |

表3-4　建材の品質要求条件

| 項目 | M1 | M2 |
|---|---|---|
| 揮発性有機化合物 | 0.2 mg/㎡ h 以下 | 0.4 mg/㎡ h 以下 |
| ホルムアルデヒド | 0.05 mg/㎡ h 以下 | 0.125 mg/㎡ h 以下 |
| アンモニア | 0.03 mg/㎡ h 以下 | 0.06 mg/㎡ h 以下 |
| 発がん性物質 | 0.005 mg/㎡ h 以下 | |
| 臭気 | 臭気なし | ほとんど臭気なし |

製造から4週間後の状態

準は二等級に分級されていて、揮発性有機化合物、ホルムアルデヒド、アンモニアなどの材料からの発生量が規定されている。

これらの基準の達成方法は建物仕様書に示さねばならない。

【HE2　湿気】

フィンランドでは、建築物のカビとそれに関連する健康障害が大きな問題になっている。元は湿地であったエコ・ヴィーッキでは、湿気対策が求められた。優れた設計は建築基準C2（湿気に関する基準）以上、大変に優れた設計はさらに革新された設計解としている。

対策としては、雨水排水能力や床下空間の換気能力の向上　湿気を遮断する基礎構造の工夫などが挙げられる。

追跡調査では、ヘルシンキ市建物管理事務所からの参考意見を求める。

【HE3　騒音】

フィンランドでは、騒音公害による健康障害を減らすために、遮音性能の規制値が強化されてきた。計画区域では、良い遮音水準を達成するために、最近提案された新しい規制値（環境省提案一九九六年一一月二八日）を使うことが勧められる。優れた設計は建築基準C1（建物の遮音性能と騒音低減に関する基準）以上、大変に優れた設計は遮音性能が明らかにC1を超える設計解としている。建築基準C1では、住宅の外壁の遮音性能五五デシベル、建物内の廊下と室内三九デシベル、外部騒音の強度五三デシベルと設定している。

この基準の達成方法は建物仕様書に示さねばならない。

【HE4　風と日当たり】

計画地の東側は広大なスポーツ公園、南側は農場で、強風を遮るものがなく、防風対策が求められる。また、屋外空間の計画では、光と太陽を屋外空間と子供たちの遊び場所に入れることが求められる。

最低要求水準は通常の良い設計解で、大変に優れた設計という評価は無い。

防風対策としては、防風林の設置が挙げられる。

追跡調査では、住宅管理会社からの意見を参考に判定する。

【HE5　間取り代案】

個々の入居者が自分に適した間取りで生活できることは精神的な健康を向上させる。人々の社会経済的特性、家族構成、文化や習慣、価値観や生活意識などにより、適した間取りは大変に異なるものであり、間取りの選択肢の多様性や改修の容易性が求められる。

最低要求水準は従来の設計解、優れた設計は「集合住宅の一五％が変更可能」、大変に優れた設計は「集合住宅の三〇％が変更可能」としている。

追跡調査では、住宅管理会社からの意見を参考に判定する。

表3-5　健康分野の評価方法

| 評価項目 | ポイント | 基準値 |
|---|---|---|
| HE 1 屋内気候 | 0点 | 室内気候目標値、2等級<br>設計施工ガイダンス、1等級<br>建材要求条件、2等級 |
| | 1点 | 室内気候目標値、2等級<br>設計施工ガイダンス、1等級<br>建材要求条件、1等級 |
| | 2点 | 室内気候目標値、1等級<br>設計施工ガイダンス、1等級<br>建材要求条件、1等級 |
| HE 2 湿気 | 0点 | 従来の適切な設計解 |
| | 1点 | 建築基準C２以上 |
| | 2点 | さらに革新された設計解 |
| HE 3 騒音 | 0点 | 従来の設計解 |
| | 1点 | 建築基準C1以上 |
| | 2点 | 遮音性能が明らかにC1を超える |
| HE 4 風と日当たり | 0点 | 適切な設計解 |
| | 1点 | 優秀な設計解 |
| HE 5 間取り代案 | 0点 | 従来の設計解 |
| | 1点 | 集合住宅の15%が変更可能 |
| | 2点 | 集合住宅の30%が変更可能 |

▼生物多様性（BⅠ）

生物多様性は地球上で生命を維持するために必要である。なぜなら、自然の大きな遺伝子の蓄積が環境の変化に対する適用力を高め、多様化した自然は、人々の心を快適にするだけでなく、医学的にも利点となる。

ヴィーッキの建築は、限られた範囲ではあるが生物多様性に影響を与える。生物の種の保全は、可能な限り少ししか陸地を開発しないこと、動物が移動し遺伝子を交換するために通るルートを安全に整備することによって高めることができる。これは、建物をより高い密度で、容積量を少なくすることで　より容易に達成できる。

敷地の樹種選定と植物群集の計画は、その周辺地域の自然植生のタイプに基づくべきである。多様な国内種を用いた豊富な樹種の植栽計画は、計画地に頑健な生物多様性を作る。

微生物と植物群は、自然の環境で遺伝子を交換することが可能であるべきである。特定の小動物（野ウサギ、リス、鳥）が、この区域に住むことが可能であるべきである。

【BⅠ1　樹種選定】

ヴィーッキ地区の現況は大学の実験農場であり、一つの植物種の耕作のために確保された平地である。既存の植物群集は無いので、ピンバグポイントは、特別にヴィーッキの条件が考慮された。優れた設計は十分な樹種と多層性を考慮した設計解、大変に優れた設計は生物多様性を増やす新しい植生タイプを作る庭のデザインがある場合とする。多層性とは、高木層、低木層、地表など、地面からの高さに応じて植生が生育している状態である。

追跡調査では、住宅管理会社からの意見を参考に判定する。

【BⅠ2　雨水管理】

各敷地およびその中の建物の上に降った雨水は、そのまま排水設備から下水管に流さず、貯留して利用したり、地表を流れる間に地中に浸透させたり、水路を通る間に浄化効果を発揮するなど、できるだけ敷地の中あるいは計画区域内で使われるべきである。

優れた設計は建物からの水だけが排水される設計解、大変に優れた設計は雨水が生態系を豊かにするために使われる場合とする。

追跡調査では、住宅管理会社からの意見を参考に判定する。

**▼食糧生産（SU）**

地球レベルでは、ヴィーッキの建築が食糧生産へ及ぼす効果は極めて限られているが、人々に適した食物を継続的に生産することが可能であるべきである。堆肥で腐植土が作成され、雨水が使用されるべきである。敷地は後に、食糧生産のために使うことができることを考慮すべきである。

**【SU1　栽培】**

優れた設計は樹木と低木の三分の一が有用な植物、大変に優れた設計は居住者が耕作できる区画を与えられる機会がある設計とする。

**【SU2　表土】**

敷地から掘削された土壌を利用することが目標とされた。

優れた設計は、敷地の表土は敷地で使わ

表3-6　生物多様性分野の評価方法

| 評価項目 | ポイント | 基準値 |
|---|---|---|
| BI 1<br>樹種選定 | 0点 | 植生タイプに基づいた樹種選定 |
| | 1点 | 十分な樹種と多層性を考慮した植生の構成 |
| | 2点 | 生物多様性を増やす新しい植生タイプを作る庭のデザイン |
| BI 2<br>雨水管理 | 0点 | 従来の適切な設計解 |
| | 1点 | 建物からの水だけが排水される |
| | 2点 | 雨水が生態系を豊かにするために使われる |

表3-7　食糧生産分野の評価方法

| 評価項目 | ポイント | 基準値 |
|---|---|---|
| SU 1<br>栽培 | 0点 | 従来の設計解 |
| | 1点 | 樹木と低木の3分の1が有用な植物 |
| | 2点 | 居住者が耕作できる区画を与えられる |
| SU 2<br>表土 | 0点 | 敷地の表土はヴィーッキ区域で使われる |
| | 1点 | 敷地の表土は敷地内で使われる |

れる設計解とする。

## ▼ピンバグポイントの算出

ピンバグポイントは、各分野ごとに評価項目のポイントを加算し、それを各分野でとりうるポイントの最大値で除して、分野のウエイトを乗じた値を総和するものとした。

ピンバグポイントを算出するための各分野のウエイトは、公開討論を経て、汚染：天然資源：健康：生物多様性：食糧に対して10：8：6：4：2と設定された。

到達可能なスコアは三〇点である。ピンバグ作業グループによれば、一〇点はエコロジー的に優秀といえるレベルで、二〇ポイントを超えるには並外れた革新と広範囲のエコロジカルな考え方が必要となる。

## 参考文献

Helsinki City Planning Department, Ecological building criteria for Viikki, 1998, 6（ヘルシンキ市計画局「ヴィーッキの建築のクライテリア」一九九八年六月）

表3-8　ピンバグポイントの計算方法

$$\text{ピンバグポイント}=\sum\left(\frac{n\text{分野の評価項目の合計点}}{n\text{分野の評価項目の合計点の最大値}}\times n\text{分野のウエイト}\right)$$

## エピソード 夏の家（ケサ・コティ）

アリ・ペンナネン助教授へのインタビューは、彼の別荘で行った。当初は彼のオフィスで行う予定であったが、前日に彼から、筆者をホテルまでピックアップに行くが、何時に行けば良いかと尋ねられた。エコ・ヴィーッキのビデオレポートのバックグラウンド用に、早朝に野鳥の鳴き声を市内の公園に録音に行くが、その後は何時でもよいと返事をしたら、野鳥の鳴き声の録音なら自分の別荘の方がもっと良いと連れて行ってくれたのである。

ヘルシンキ市の西方およそ三〇キロ離れたキルコヌミという所で、未舗装の道をしばらく走って着いたのは、森に囲まれた小さな湖と、そのほとりに建てられた一軒の家だった。湖には小さな桟橋が設けられ、一艇のボートが係留されている。周囲には人家がなく、その湖は彼らの家族の専用と言ってもよく、岸辺には小さな砂場とすべり台、トランポリンなどの遊具が置かれていた。

別荘の中にはサウナがあり、その燃料には周りの林から薪を作るのだそうだ。サウナでほてった体を冷やすために湖に飛び込むことを聞いてはいたが、まさにそこは、それができる場所であった。

インタビューは湖に面したテラスで、ペンナネン助教授が淹れてくれたコーヒーを飲みながら進行し、終了後は野鳥の鳴き声も録音した。

ヘルシンキ市内の市民農園には、小屋が建っている区画も多い。それらを含めて、ヘルシンキ市民は七割が別荘を所有しており、夏休みだけでなく、週末は別荘（夏の家：ケサ・コティ）で暮らす人々が少なくないそうだ。それはエネルギーの需給にも大きな影響を及ぼしている。

ペンナネン助教授の夏の家

# 第4章　ガイドライン

ヨーロッパコマドリ（ハンヌ・サルバンネ画）　春から秋にかけて住宅の庭で見られる。

## 1 ガイドラインの内容

エコ・ヴィーッキの周辺環境整備要綱（ガイドライン）の正式な名称は「建設および公共屋外空間に対する一般規定」で、リーッタ・ヤルカネンが中心となって作成し、一九九八年八月に刊行された。このガイドラインには、ヘルシンキ建築物条例に基づいた法的拘束力を持つ事項と、住宅区画と公共用地を計画する際の推奨事項が示されている。

体裁はA４判七四ページで、本文は一〇章あり、排水や廃棄物の管理計画やエコロジカルクライテリアなど、五つの資料が付録に付けられている。

最もページを割いているのは第一〇章の公共屋外空間マスタープランで、計画区域のセンター的性格のケバトゥリ広場、三本の庭路、公園の内容について二二ページを割いている。次に多い章は区域の構成（第三章）である。建築物（第四章）については、ファサード、屋根とフェンス、共有スペース、集会室、他の公共施設などについて一〇ページにわたって紹介している。

表 4-1　ガイドラインの目次

| | |
|---|---|
| 第１章 | 一般事項 |
| 第２章 | はじめに |
| 第３章 | 区域の構成 |
| 第４章 | 建築物 |
| 第５章 | 駐車場 |
| 第６章 | ごみ処理と収集車両 |
| 第７章 | 基礎構造の建築方法 |
| 第８章 | 排水処理方法 |
| 第９章 | エコロジカルクライテリアの適用 |
| 第10章 | 公共屋外空間マスタープラン |

### ▼区域の構成

計画区域は二通りのブロックで構成されていることが記されている。一つは庭路を軸としたブロック、もう一つは庭路の無い大きなブロックである（図４-１）。それらのブロックで計画区域を括ると、この区域は、野球のグローブの手のひらを手前に向け、指先を下に向けたような形状をしている。

庭路のブロックは三つあり（図４-１の実線で囲われた部分）、計画区域の中央部を東西に走るケバカツという媒介道路（幹線道路と住宅近傍の庭路とをつなぐ道路）の南側の区域に並んで配置され、その間にはグリーンフィンガーが入り込んでいる。この配置によって、居住者は住棟から庭路にもグリーンフィンガーにもダイレクトにアクセスできる。

大きなブロックは幹線道路チランホイタヤンカアリに接して三つある（図4-1の破線で囲われた部分）。東側のブロックはヘルシンキ大学の教員研修学校の北と南にあり、ブロック内は中庭を囲んで中層と低層の住棟が配置されている。西側のブロックは森林に覆われた斜面上にあり、四階から六階建ての比較的大型の住棟が配置されている。さらに計画区域の外側にはヘルシンキ大学の学生寮、北側は運動場がある。

幹線道路チランホイタヤンカアリの東側の中央付近に、近隣センター的な性格のケバトゥリ（「ケバ」は春、「トゥリ」は広場の意）が設けられている。広場には人々が出会い、くつろぐための大きなパーゴラやベンチ、自転車置き場が用意され、建築物としては、集会室や趣味の教室などのあるクラブハウスや、小さな店舗（コンビニ）が建てられる。

ガイドラインの第一〇章では、舗装や屋外の構造物に

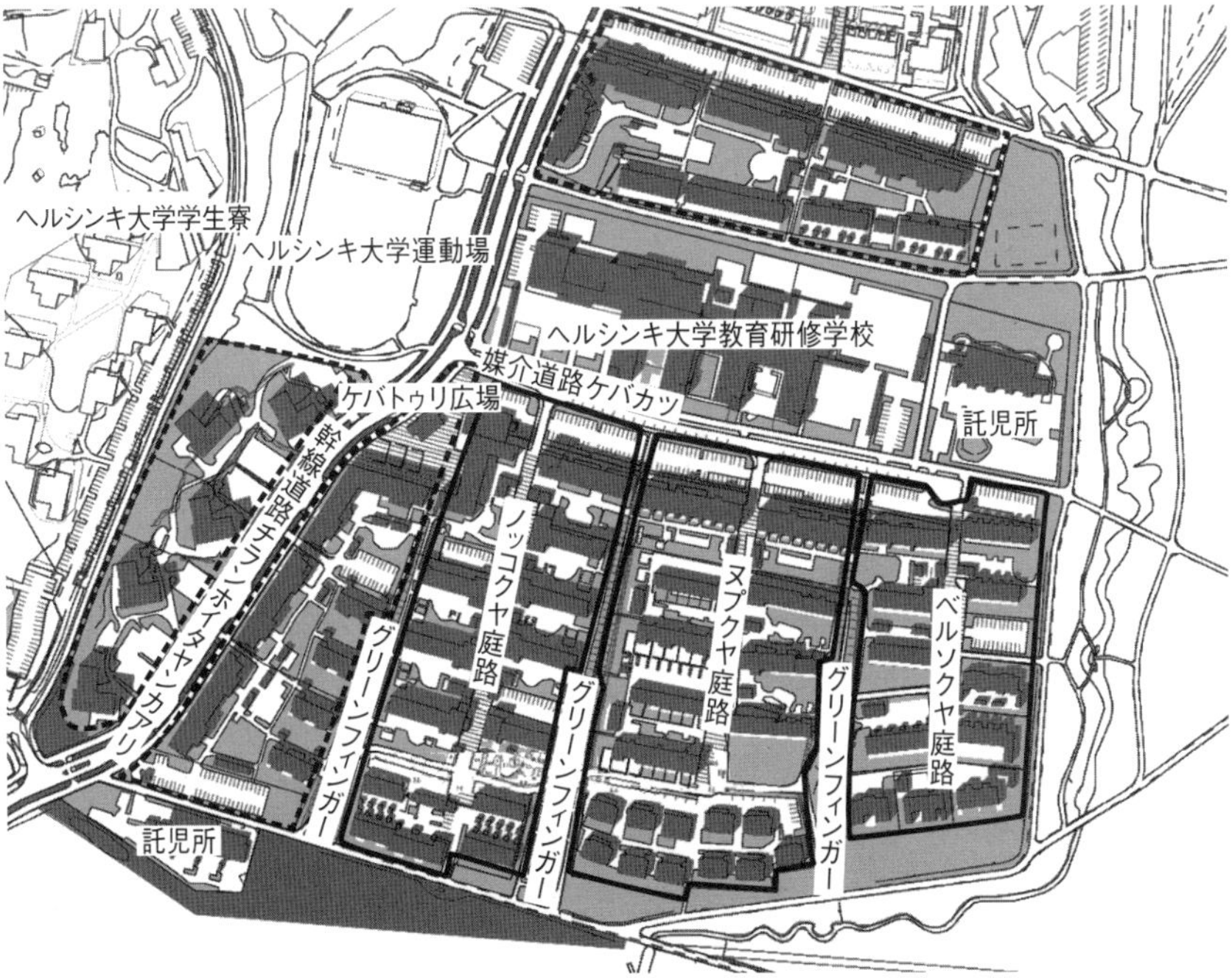


図4-1　計画区域の構成

ついての詳細な設計図が示されている。その舗装面やベンチには、花崗岩が多用されている。ヘルシンキ市内では、地表に岩盤が露出している場所が少なくないが、その岩盤は結晶質の岩石で、花崗岩を多く含み、計画地の近傍からも産出され、建築材料の地産地消にもつながっている。

### ▼建築物

ガイドラインでは、住宅を主体とする建築物については、ファサードや屋根など外部から見られる部分に関する記述が多い。

#### 【ファサード】

エコ・ヴィーッキの住宅やその地域が、周辺の地域とは異なる特殊な空間ではなく、連続性を持つ空間であるように、計画地の外側の道路に接する面のファサードの材料や配色は、周辺の地域と同様に控えめなものにしている。外壁の材料には、漆喰やスラマウス、レンガ、木材が指定されている。住区の中庭に面する南面にはサンルームやバルコニーがあり、配色としては、控えめな北側と対照的に、多くの色を用いる方針としている。

なお、スラマウスという仕上げは、モルタルを薄く塗る「スラマー仕上げ」と呼ばれる方法で、日本では土木分野では使われているが、建築分野ではほとんど使われていない。この工法は下地の部材が透けて見えるため、例えばレンガの上に施工すると面白い効果が期待できるそうだ。

計画区域の西端の緩斜面には高層住宅を配置しているが、それ以外の区域は二～三階建てのテラスハウスを主体としている。計画区域の東の外側には広大なスポーツ公園や農場があるので、東西方向の断面は人工物から自然物へとゆるやかに変化する構成になっており、外壁の材料も東側ほど天然素材である木材の比率を高めている。

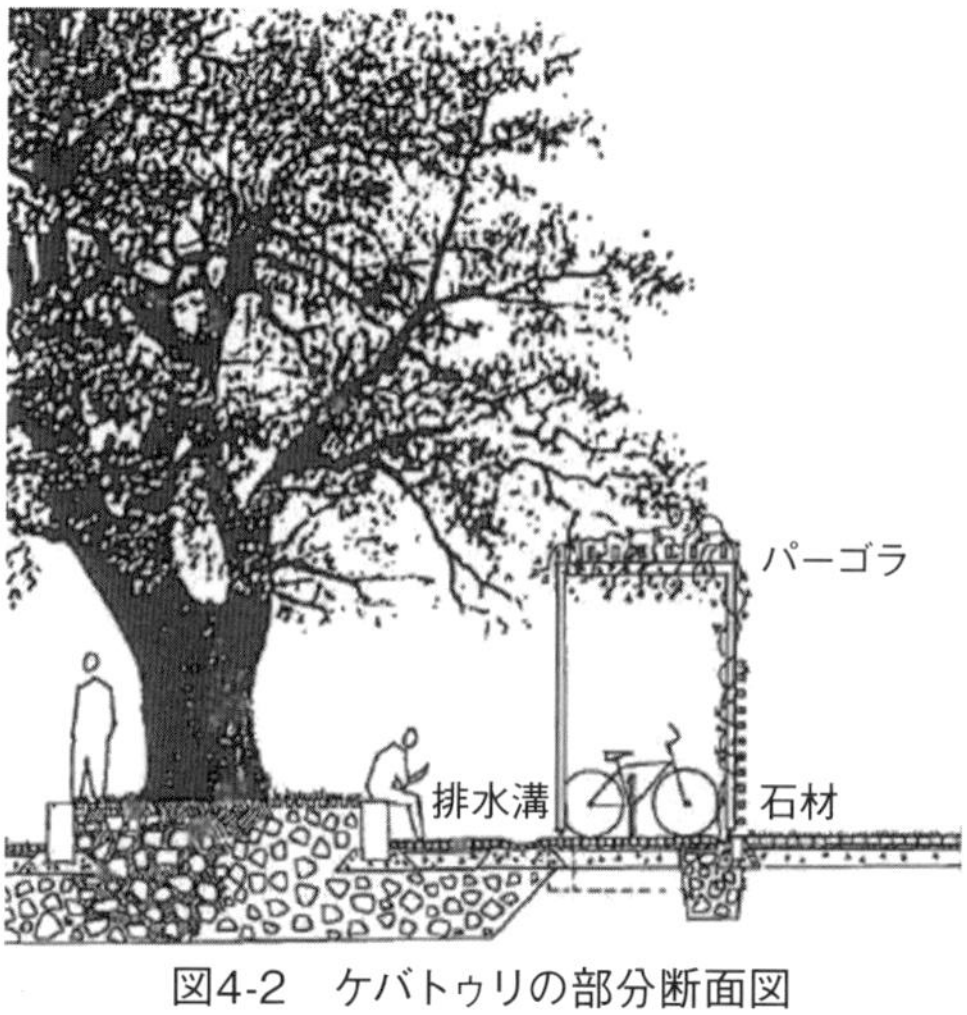


図4-2　ケバトゥリの部分断面図

計画区域では、地階を設けることを禁じている。窓は各階に設けられるが、ケバトゥリに設ける店舗やクラブハウスの窓は、外部から内部の様子がうかがえるショーウィンドー的な窓とすることが指示されている。

また、住宅の一階の入口にはキャノピー（片流れ屋根）やパーゴラを設け、通りに面した入口にはベンチなどを置くことを推奨している。

【屋根】

屋根は、西端の高層住宅だけは平らな陸屋根とし、他は片流れ屋根を用い、小屋を植物で覆う場合を除いて、濃い灰色または黒色の板金を使用することを定めている。

【サンルーム】

各住居には七平方メートル以上のサンルーム、あるいはガラスで覆われたバルコニーを設けることを義務付けている。これは太陽エネルギーのパッシブな利用のためである。

なお、図4-2と図4-3は、設計コンペの一等案「エコテコ」の提案図書に含まれていたもので、ガイドラインには、これ以外にも設計コンペで示されたアイデアや図版を数多く用いており、コンペ参加者の知識やノウハウ、アイデアを交流させる役割も果たしている。

【業務施設】

地区計画では、業務（商業施設を含む）や集会などの共同施設に、延べ床面積の一・五％を割り当てることと定めており、維持管理のための作業スペースや、清潔なワークスペース、住民が協定を結んで使用するスペースなどを設けることを推奨している。

図4-3　サンルーム透視図

【共同利用施設】

〔サウナ〕屋根裏、階段付近、中庭などに共同サウナを設けることを推奨している。空間利用の効率化だけでなく、住居の湿気対策になり、居住者間の近隣交流にも貢献すると考えられている。〔洗濯室〕住戸数が三〇を超えると、洗濯室と乾燥室を共同化できると述べている。また、自転車置き場や園芸用品の倉庫を計画すること、庭に温室を設ける際の制限事項を明示することを義務付け、フィンランドの伝統的なマーケッラリ（地中貯蔵庫）を設けることを推奨している。

### ▼駐車場

タウンプランでは、通常の駐車場設置面積（例えば延べ床面積一六〇平方メートルの一階または二階建の住宅ごとに最低一台用の駐車場、延べ床面積八〇平方メートルの住居では最大一台用駐車場）の二分の一以上の駐車場を設けることが定められている。駐車場はブロックの共有地または各住区の区画内に設置されるので、ガイドラインではその設置場所と必要面積を示している。

図4-4は媒介道路ケバカツの南側に設けられる駐車場の断面図であるが、植栽や舗装の仕様まで示している。

### ▼ごみ処理と収集車両

ガイドラインには収集車両のルートやごみ置き場も詳細に示されている。ごみは、生ごみ、紙、混合と三種類に分別する方式で、生ごみはコンポスター（堆肥化容器）で堆肥を製造することにも使われる。

図4-5は、一九九五年に作成された「ラトカルタノ地区廃棄物管理計画」で示されたごみ置き場のモデルの一部である。戸数が八戸の例では、一戸当たり面積

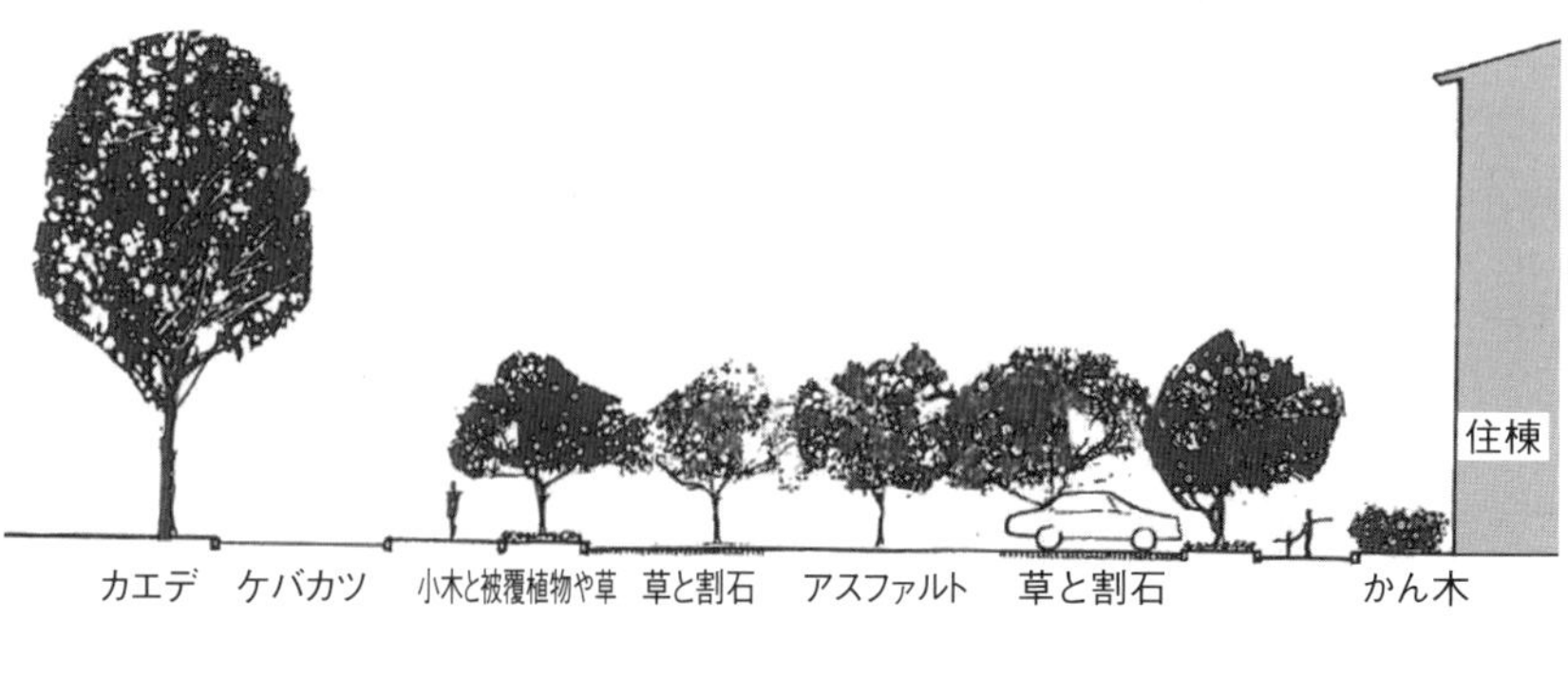


図4-4　媒介道路ケバカツの駐車場断面図

は約一平方メートルで、五〇戸以上では一戸当たり〇・六五平方メートルとなっている。

### ▼流出水処理

雨水処理に関してタウンプランでは、「雨水、融雪と屋根からの排水が地面の中にゆっくりとできるだけ広い面積に吸収されるべきである」と規定している。そのために、可能な限り雨水はグリーンフィンガーや公園に導いて、地表から吸収させたり、流れる過程で水質を浄化させ、植物の生育環境を改善することを目指している。

図4-6から、計画区域の中で舗装区域が占める割合（舗装率）が非常に小さい計画となっていることがわかるであろう。

| 戸数 | 平面図 | 面積 | コンテナ数<br>生ごみ／紙／混合／堆肥用 |
|---|---|---|---|
| 8 | 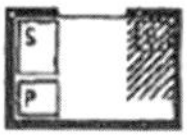 | 8.0平方メートル | 1/1/1/1 |
| 60 | 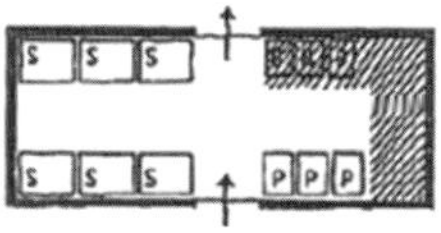 | 32平方メートル | 3/3/6/4 |

図4-5　ごみ置き場のモデル

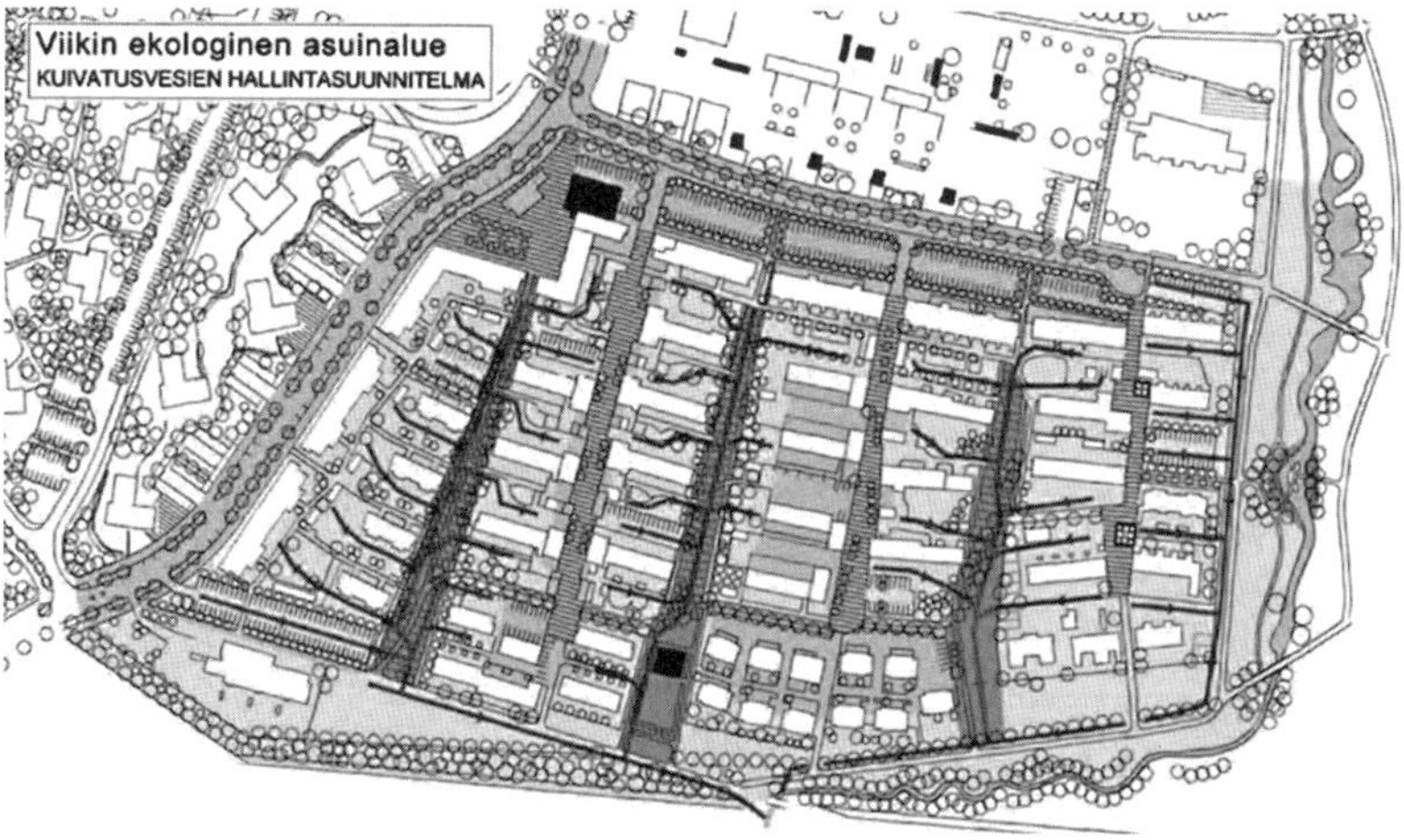


図4-6　排水管理計画

## ▼公共屋外空間マスタープラン

### 【庭路】

　庭路は住宅地の空間と機能面での脊柱的存在と考えられており、市有地であり、市が設計し建設する。この空間には、歩行者と自転車だけでなく、駐車場に向かう車両とごみ収集車などの限られたサービス用車両が通行する。そして、通行のためだけでなく、人々が滞在したり、話し込むことを促すことや、他の庭路とは異なる個性を持たせることが意図されている。

　庭路は南北方向に延び、その両側に住棟を置く配置となっており、庭路の空間が明確に区別されるように、住宅や物置などの外壁やフェンス、植栽で区分され、単調な直線でなく、少しずつ動線をずらす平面になっている。

　なお、庭路は、オランダで生まれた歩車共存の空間「ボンエルフ」を取り入れたものである。

　また、三本の庭路は平行ではなく、約五

図4-7　3本の庭路

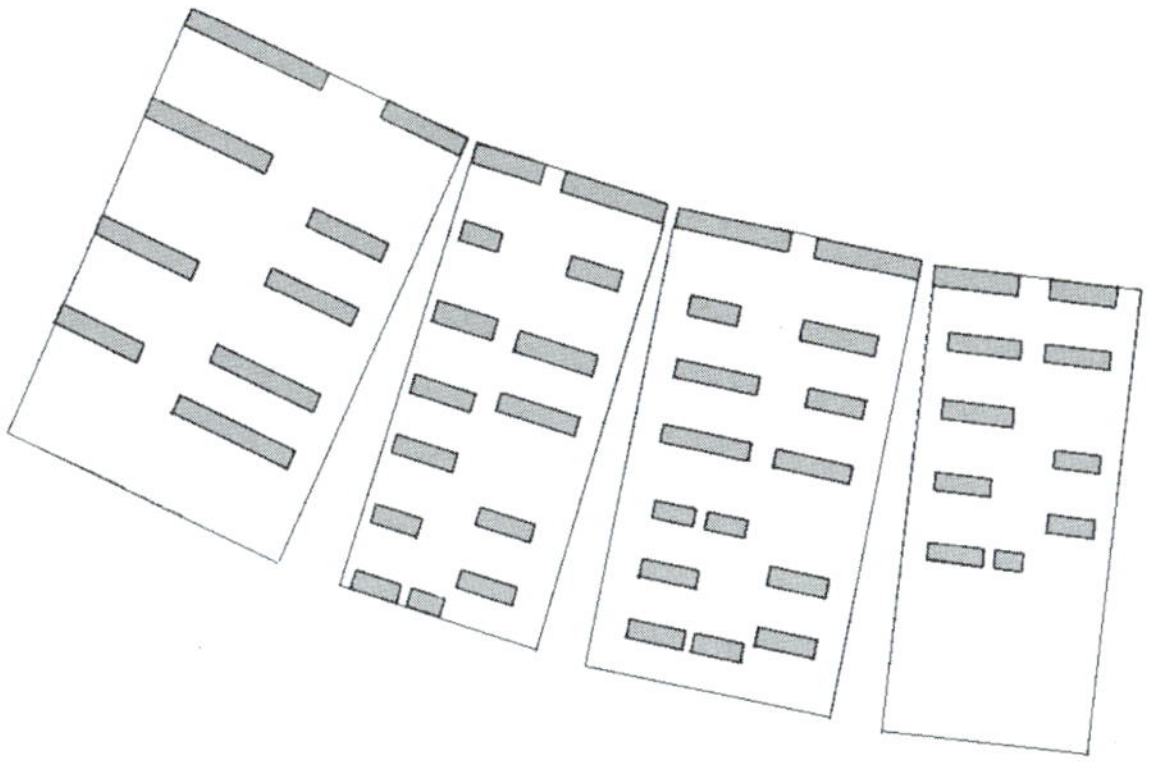

図4-8　ラークソネンが描いたブロック構成のエスキース

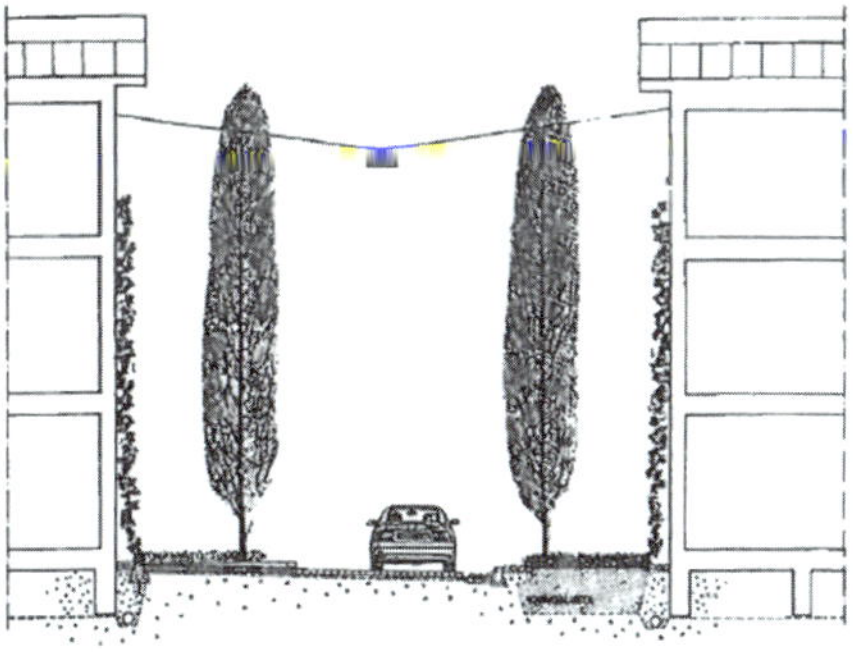

図4-9　ノッコクヤ庭路断面図

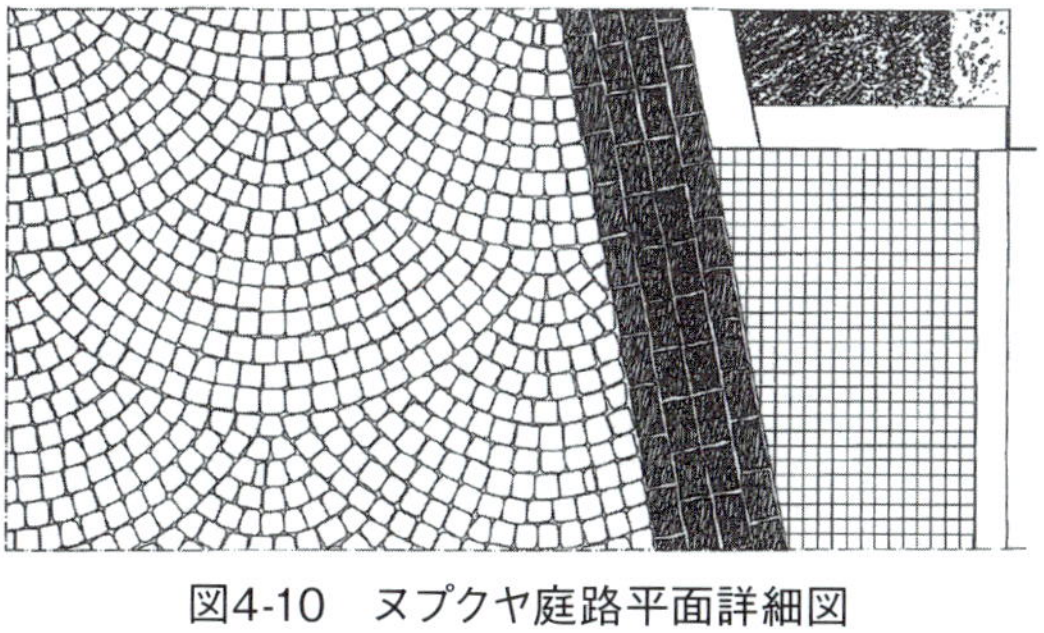

図4-10　ヌプクヤ庭路平面詳細図

度南側に向かって開いており、グリーンフィンガーは南ほど幅員が広くなっている。これは都市計画コンペの優勝案を描いたペトリ・ラークソネンのアイデアを忠実に実現させたものである。

図4-9はノッコクヤ庭路の断面図であり、この図も設計コンペの一等作品「エコテコ」に含まれていたものである。どの庭路も高木は細長い円柱のような形状が特徴的なヨーロッパポプラが用いられ、低木や生垣には、コスグリ、シモツケ、コゴメウツギなどの花木や果樹が示されており、グランドカバーローズなどの地被植物、建物の外壁や街路樹の足元に這わせるつる性植物のアメリカヅタまで指定している。

図4-10はヌプクヤ庭路の地表の舗装面を示した詳細図で、舗装面にはケバトゥリの広場と同じく花崗岩の敷石が使われている。三本の庭路のうち二本は九センチあるいは一〇センチ角の立方体の割石を列状に、中央のヌプクヤ庭路は波型の形状がデザインされている。植栽と人間との関係や、この庭路空間のディテールを、市の計画サイドがいかに重要視しているかを示している。

なお、三本の庭路はそれぞれ、ノッコクヤ（尾状花序の小道）、ヌプクヤ（つぼみの小道）、ベルソクヤ（芽の小道）と、植物界から取った命名をしている。尾状花序とは、ネコジャラシの穂の部分のような細い円筒状の花の集まりである。

【グリーンフィンガー】

ガイドラインでは「グリーンフィンガーはこの地域の植生の核となる空間で、人工物を配して設計される庭路とは対照的に、高木や低木、耕作地の連なるオープンな空間で、半公共的な性格を持っている。土地はできるだけ多く植物で覆われるべきで、樹種は多様性と環境の豊かさを意図して選定すべきである」と記している。

図4-11はその概念的な平面図、図4-12は断面図である。耕作地が歩行者路を囲み、その外側に雨水が流れるくぼんだ排水路を設け、さらにその両側に高木や低木の林を配置している。

樹種は植生の多様性と豊かさを目標にしており、花木や果樹が開花した状態が長く見られることを配慮して選ばれている。例えば、リンゴ、梨、チェリー、ナナカマド、カラント、ラズベリー、チョコベリーなどが指定されている。

歩行者路は、土に石灰を撒いて転圧する石灰安定化処理を施す仕様になっている。この仕様は、見た目は土そのままで、雨水にも泥化せず、反発力も若干あって歩くと心地よい。

また、緑道は庭路と同じく歩行など軽度の交通の空間であると共に、ここでは防風林を植える場所としても位置付けられている。

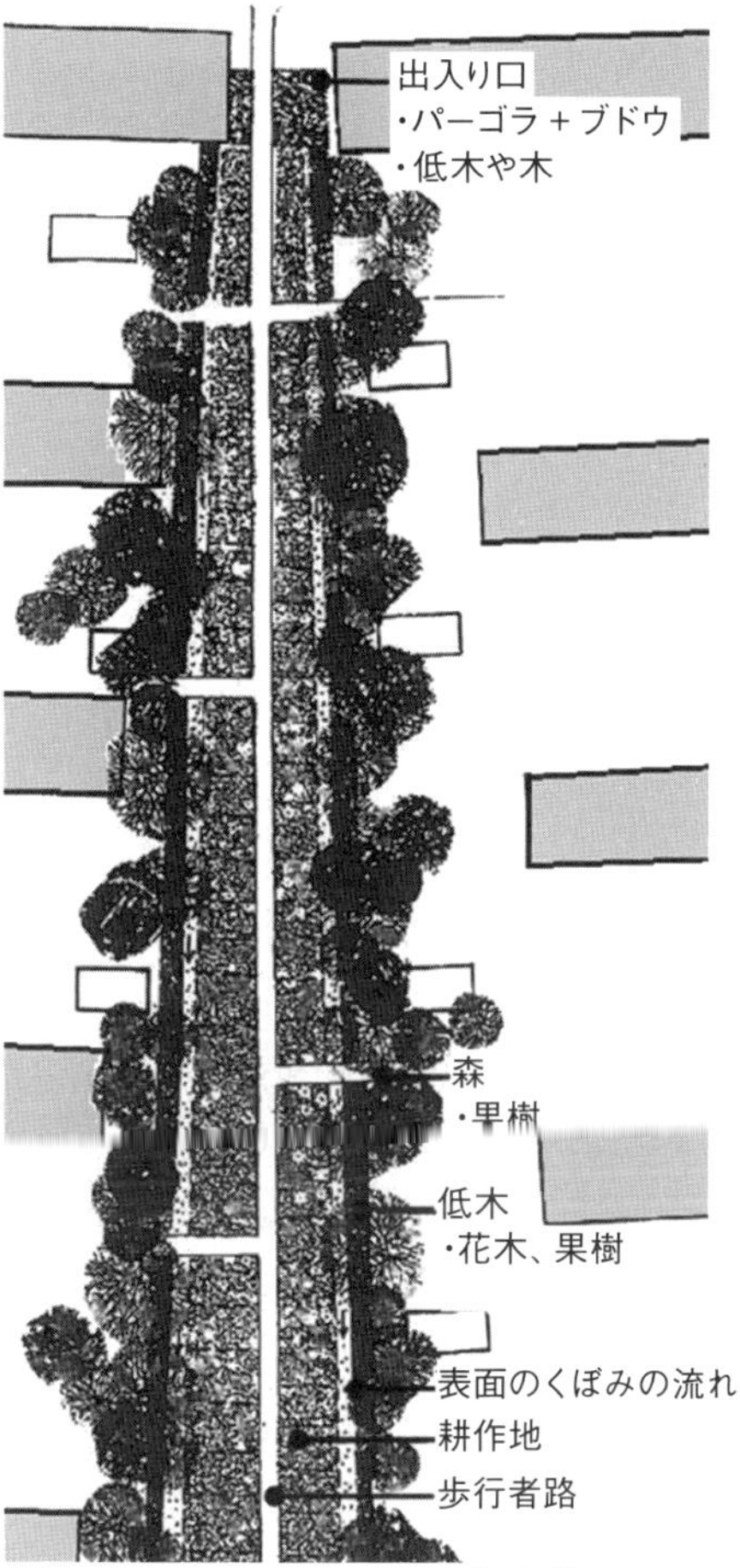

図4-11　グリーンフィンガー概念的平面図

図4-13　緑道の概念的断面図

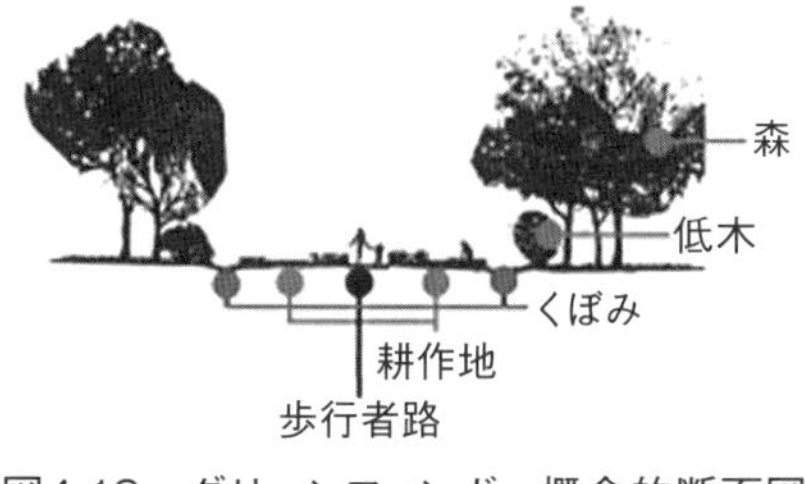

図4-12　グリーンフィンガー概念的断面図

## 2 着工に向けて

### ▼敷地の引き渡し

設計コンペの後で、六つの事業者へ割り当てる区画が決められた。エコ・ヴィーッキの宅地のおよそ三分の一はフィンランドの国有地であったが、土地交換協定によって持ち家住宅用の宅地に変更された。国有地と市有地の非売却部分を確定し、国有財産の担当部局はその敷地を事業者に売却した。その際、エコロジカルな実験的住宅の建設という目的を達成するために、ヘルシンキ市は事業者への宅地売却を留保した。その事業者への宅地売却の留保条件は、①建物がエコロジカルクライテリアの最低要求項目を満たすこと、②それぞれの区画で実験的な建築をガイドラインに従って建設すること、③設計はコンペで提出された計画とエコロジーの新しいアイデアに基づくこと、④モニタリング調査に参加することなどであった。

### ▼セルフビルドの住宅

エコ・ヴィーッキの南東のセルフビルド用の六区画には、一六グループの応募があり、プランの質やエコロジーに関するアイデアを審査し、区画選択の順位を決めてから、それぞれの区画が決定された。セルフビルドの住棟には、他の部分の建築には見られない多くの面白いアイデアがあった。例えば、エコロジカルな省エネルギー施工法、熱で自然換気を促進する方法、ペレットストーブを用いた暖房、地中熱暖房、生活空間と仕事空間との結合（ホームオフィス）、ログフレームのテラスハウスなどの提案があった。

### ▼資金調達

従来の建築物ではない実験的な住宅であること、エコ・クライテリアを遵守しなければならないことなどによって、エコ・ヴィーッキの住宅は通常の住宅より建設費用が増加し、住宅の価格を高価にしてしまう。

関係者の努力によって、環境省とフィンランド技術庁による持続可能な開発を目的とした調査研究と製品開発助成金が、太陽エネルギー利用にはEUの三つの助成プログラムから支援を受けられることになった。また、自然保護区域のための事業に対しても資金的な助成が得られた。

## ▼設計と施工段階の始動

一九九八年に個々の住宅プロジェクトの設計が一斉に開始された。ヘルシンキ市都市計画局のメンバーと、建築物許可を与える権限を持つ建築家、事業者、計画案のチーフ建築家が、計画立案の最初の段階から一緒に働いた。

その主要な事項は、エコ・クライテリアとガイドラインを考慮することであった。建物の構造、設備、緑地計画は特に重要な問題であり、そのプランの立案者とヘルシンキ市の代表者の両方がミーティングに参加した。各住宅プロジェクトのプランは通常二回あるいは三回のミーティングで検討された。計画を立案する最初の段階で、エコ・クライテリアの目標と、室内の設計案が検討された。建築許可証を発行する前にヘルシンキ市は、正式の建物図面と通常の書類に加えて、各住宅区画の緑地計画や雨水と排水計画、廃棄物処理計画、駐車場計画、住宅の実験的な建築の内容を審査した。エコ・クライテリアに関する説明資料が建築許可証申請書類に含められ、ピンバグポイントが計算され、最低基準の達成やさらなる改善の措置が協議された。

建築許可を与えた後で、エコ・ヴィーッキの特別な要求項目を検討するために、ヘルシンキ市建築監督部局は建築物プロジェクトに参加しているすべての関係者と調整会議を開催した。事業者は建築段階で行った変更と建築廃棄物量について各住宅の完成後に市当局へ報告することを約束させられた。

コンペの段階でエネルギー消費量と排出量を計算するために開発されたBEEプログラムは、設計案を検討する段階には適していなかった。設計案の検討段階では、材料の量について十分な情報が得られないため、エネルギーの消費量と排出量を計算するためのインプットデータが得られなかったためである。

この区域の地盤条件は、住宅建設には厳しいものであった。この区域の西端の斜面以外の敷地では、住宅は一五～二五メートルの杭を打たねばならず、地下水面は地表近くにあった。若干の区画では、沈下を避けるために安定化処理を施さねばならなかった。緑地の地盤を水平化するコストを低減するため、切り土と盛り土はエコ・クライテリアに沿って避けられた。

地盤条件に伴う工事費用の増加は住居の価格に反映されるので、その分は建築に投入する費用を減らさねばならなくなる。賃貸住宅と占有権住宅では、ヘルシンキ市は区画の借地料を下げて、賃貸料の上昇を抑制した。

一九九九年春に最初の住宅の建設が始まり、年末までに住宅の半数が施工中となった。初めに政府助成金のない住宅が販売された。エコ・ヴィーッキについて多くのメディアが注目していたため、人々は住宅が販売されるのを楽しみに待っていた。最初は人々が殺到したが、その後、需要は落ち着き、同じような水準で推移した。そして、五年後の二〇〇四年秋に最後のテラスハウスの住区の建設が完了した。

## 参考文献

Riita jalkanen, Jouni kilpinen, Soile Heikkinen, Jouni Sivonen, Markku Miettinen, Viikki, ekologinen koerakentamisalue Pakentamistapamaaraykset ja julkisten tilojen yleissuunnitelma, Helsingin Kaupunkisuunnitteluviraston, 1998.8（リーッタ・ヤルカネン他「エコ・ヴィーッキ建築と周辺環境整備要綱」ヘルシンキ市都市計画局、一九九八年八月）

## エピソード　寿命工学

筆者は二〇〇七年から五年間、社団法人新都市ハウジング協会の季刊の広報誌ANUHTの編集を担当していた。エコ・ヴィーッキを紹介したのは二〇一〇年の秋号だったが、その前年の秋号（特集「超寿命」）では、フィンランドのアスコ・サリア博士が国際会議で発表した「寿命工学」を紹介した。

サリア博士は二〇〇五年まで、フィンランド技術研究センター（VTT）の建設技術研究所の所長であった。

アスコ・サリア博士

大胆に要約すれば、寿命工学とは、構造物の生涯品質（構造物の設計寿命の全期間において、ユーザーや所有者、社会から要求される項目の品質）を、すべてのライフサイクルを考慮して最適化することで、具体的には、①生涯の収入と投資計画、②生涯の設計、③生涯の調達と建設、④生涯のマネジメントと維持管理、改装、近代化、⑤終末処理および選択的な破壊、再利用、リサイクル、廃棄などの5事項を計画段階で検討するものである。

筆者が現地での踏査やインタビューを終え、収集した資料を調べていると、設計コンペの「ダーウィン建築」という作品を応募したメンバーの中にそのサリア博士の名前があった。

早速、そのことをEメールで博士に伝えたら、博士は、そのコンペでは寿命工学の方法を使って新しい構法を提案したと教えてくれた。

構造物の生涯品質の要求項目

| | |
|---|---|
| 1 人間の要求項目<br>・機能性<br>・安全性<br>・健康<br>・快適性 | 2 経済の要求項目<br>・投資効率<br>・施工性<br>・生涯効率（運営、維持管理、修理、機能回復、更新、破壊、回復と再利用、材料のリサイクル、処分） |
| 3 文化的な要求項目<br>・建築物の伝統<br>・ライフスタイル<br>・ビジネス文化<br>・審美性<br>・建築の様式と流行<br>・イマーゴ | 4 エコロジカルな要求項目<br>・原材料効率<br>・エネルギー効率<br>・環境の負荷効率<br>・廃棄物効率<br>・生物多様性<br>・地質多様性 |

（注）イマーゴ：理想化された概念、理想像

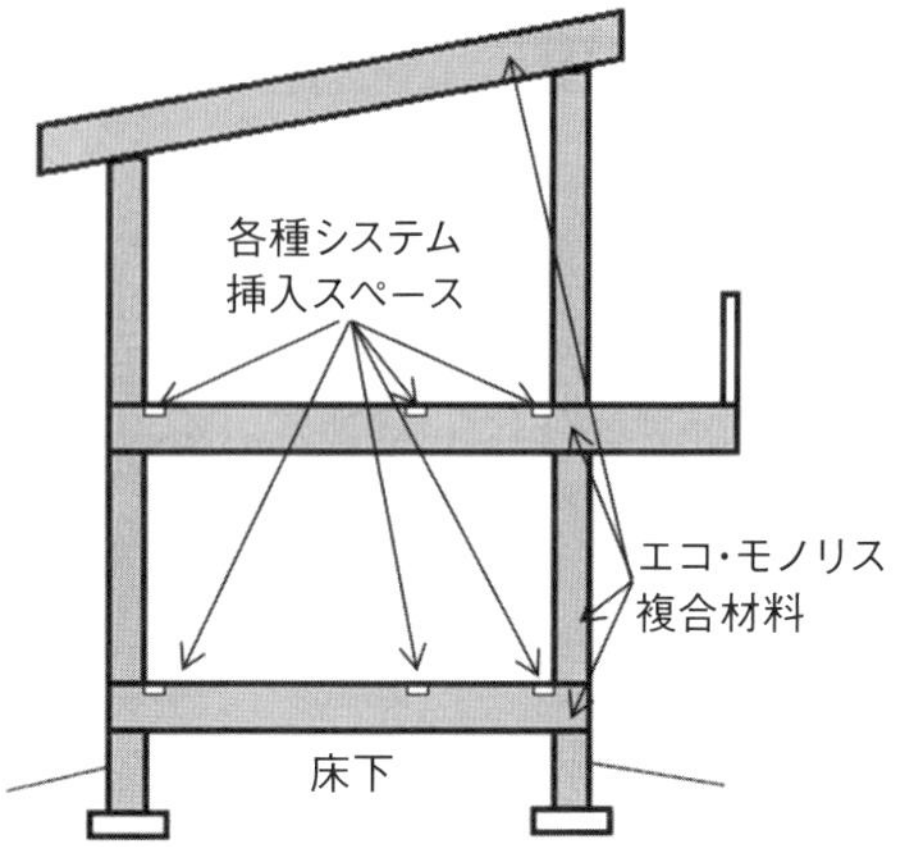

サリア博士の提案した新構法

それは、厚さ五〇センチの断熱性の優れた新しい複合材料で躯体を構成するもので、床には電力、水、暖房、通信など各種システムを挿入する溝が張り巡らされている。

改めて設計コンペの審査報告書を読むと、ダーウィン建築の建築材料の選択、外壁に関する検討、蓄熱コンクリートやピラースラブ構造など、博士が関与したと思われる箇所に高い評価を与えている。

博士は、最近この新構法が実際に使われたいくつかの住宅の写真と、「私はそのコンペでは、寿命工学の考え方に沿って、全生涯の貨幣的経済性と生態的経済性をエネルギー効率との関連で最適化し、その二つの側面を提案に結びつけたのです」というコメントを送ってくださった。

設計コンペは、エコ・ヴィーッキのプロジェクト以外にも影響を及ぼしていた。

なお、「寿命工学」は「Lifetime Engineering」の訳であるが、Lifetime には一生や生涯という意味と、寿命や存続期間の年数（時間）という二つの意味がある。すでに「寿命工学」と紹介していた資料があったのでそれを踏襲したが、ニュアンスとしては「生涯工学」に近い。

# 第5章　誕生した町

エコ・ヴィーッキ南方からの全景（提供：ヘルシンキ市）

## 1 完成した姿

二〇〇四年秋にエコ・ヴィーッキの住宅はすべて完成した。完成した姿（図5-1）と、その一〇年前に開催された都市計画コンペの優勝案（図2-2）とを比べると、西端の住区と研修学校の配置図以外は、ほぼ忠実に優勝案が実体化されていることがわかる。

本書では便宜上、媒介道路ケバカツ以北の区域を北地区、幹線道路チランホイタヤンカアリの西側およびそれと幹線道路を挟んで相対している区域を西地区、それ以外の区域を南地区と呼ぶことにする。北地区と西地区は大きなブロック、南地区は庭路を軸としたブロックである。

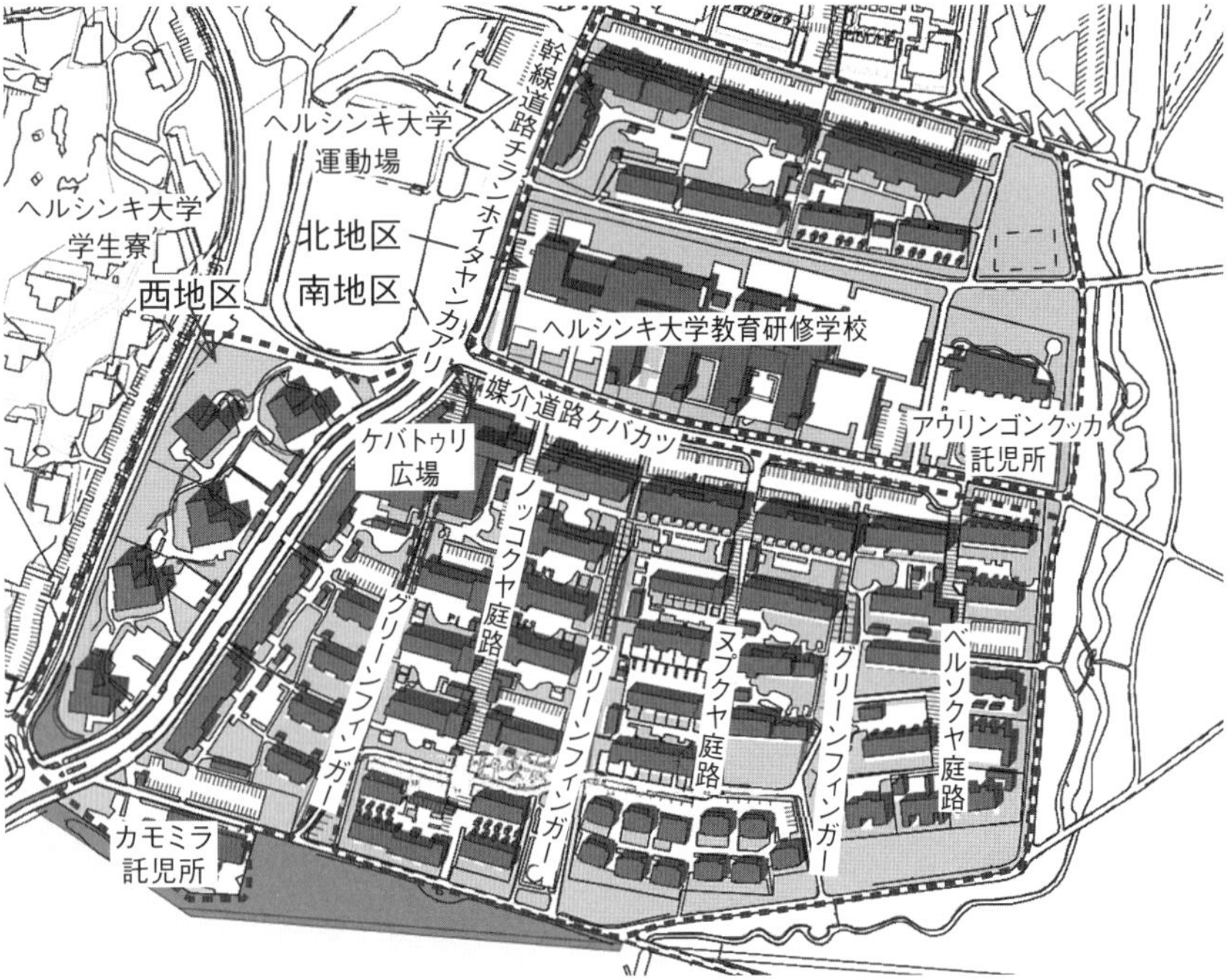


図 5-1　完成した姿の配置図

図5-2は住宅の階数別配置図である。幹線道路チランホイタヤンカアリの西側は、緩斜面の林の中に平面がL字型の、南東方向と南西方向にバルコニーのある高層住棟が並ぶ。道路の東側は四階から六階建ての中層住棟が、あたかも背後の低層住棟の城壁のように配置されている。この城壁は、計画区域の北の境界線とその南の媒介道路ケバカツに接する線上に延びている。三階建ての住棟は南地区にあるが、いずれも二階建てのテラスハウスの庭路に接する部分だけが三階の住棟である。

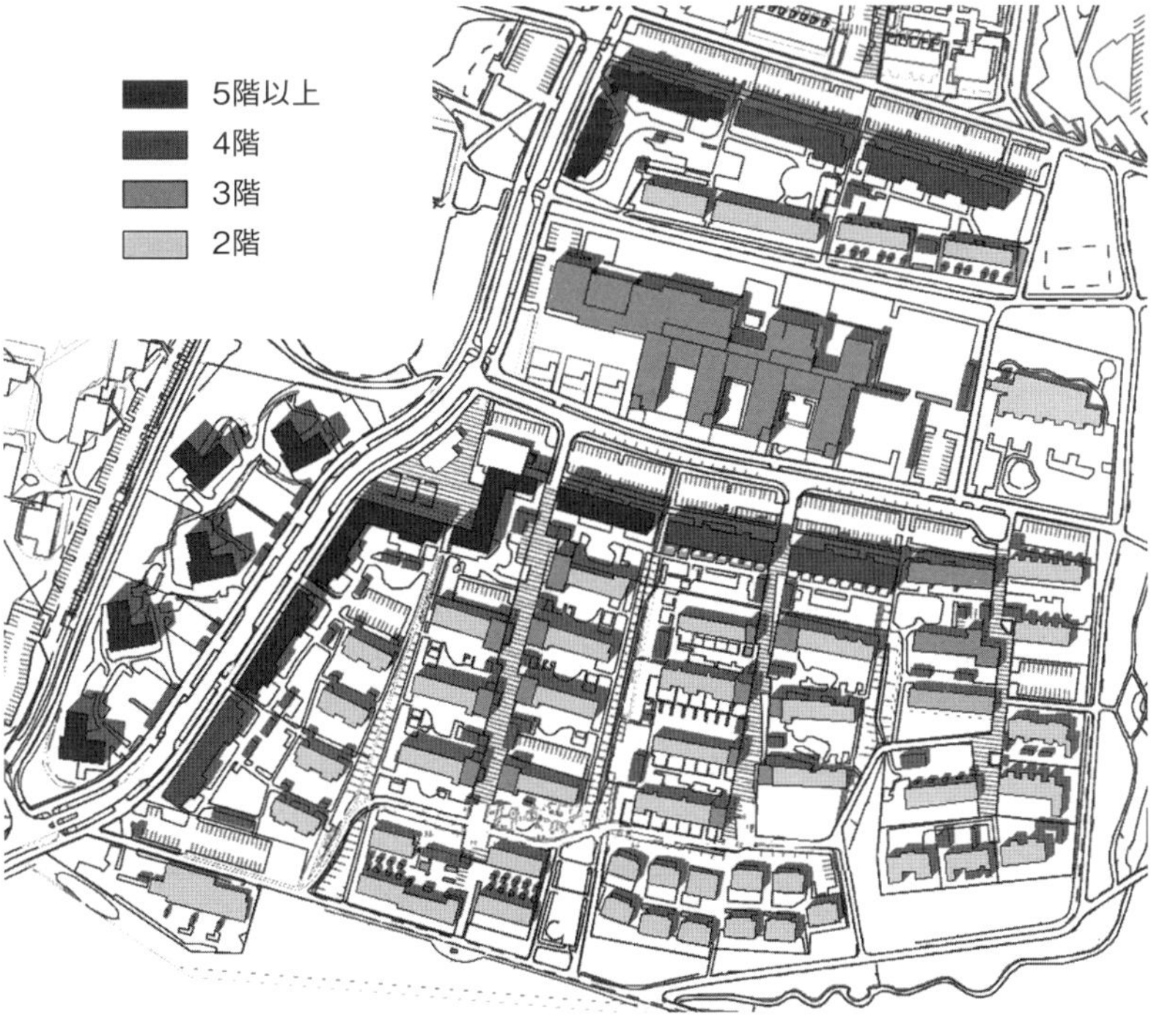


図 5-2　階数別配置図

図5-3は住宅の所有形態別配置図である。全体の二分の一が分譲住宅で、賃借住宅と「居住権住宅」が四分の一ずつである。「居住権住宅」というのは、入居者が住宅価格の一五~三〇%の供託金を支払い、完成後は賃貸住宅のように賃貸料を払う。引っ越す場合は、供託金は価格指数によって割り増しされて戻される。一九八〇年代末の高度成長時代に分譲住宅の価格高騰化が起こり、住宅の購入が困難になった時期に作られた所有形態である。

住民層を混合するため、分譲と賃貸が約半数ずつ、公営と民営もやはり約半数ずつになるようにすることが原則であるが、分譲住宅の割合が多いのは、政府補助住宅より分譲住宅のほうが必要となる建設費の増加に対応しやすいと考えられたためである。

日本の大規模な住宅地開発でも、分譲と賃貸、公営と私営が混在する例はあるが、まず事業者別に用地が割り当てられるためか、近隣住区の単位で混在するプランは作られ難い。

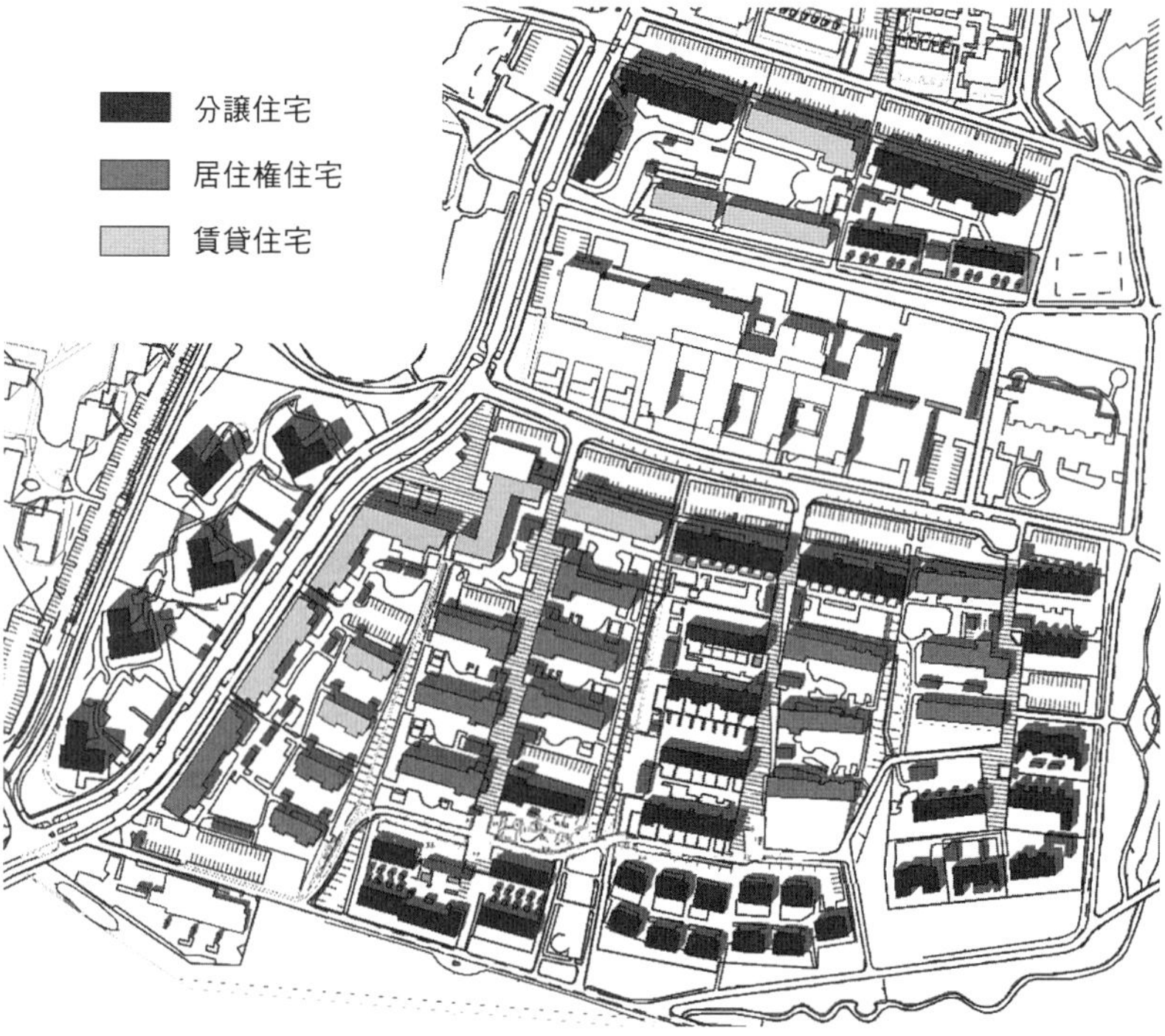


図5-3　所有形態別配置図

## 2 北地区

北地区は、北半分の区域に、ケルタブオッコ、SUNH、コリアンテリの三つの住区が横に並び、SUNH住区の中庭に集会室（クラブハウス）と共同サウナがある。

南半分の区域にはヘルシンキ大学教員研修学校と託児所が配置されている。この研修学校の位置は住宅地を分断している。都市計画コンペの入賞案の中では、一等案のみがこの配置で、二等案と三等案は研修学校を北の端に置き、住宅地区をまとめていた。

一等案を描いたペトリ・

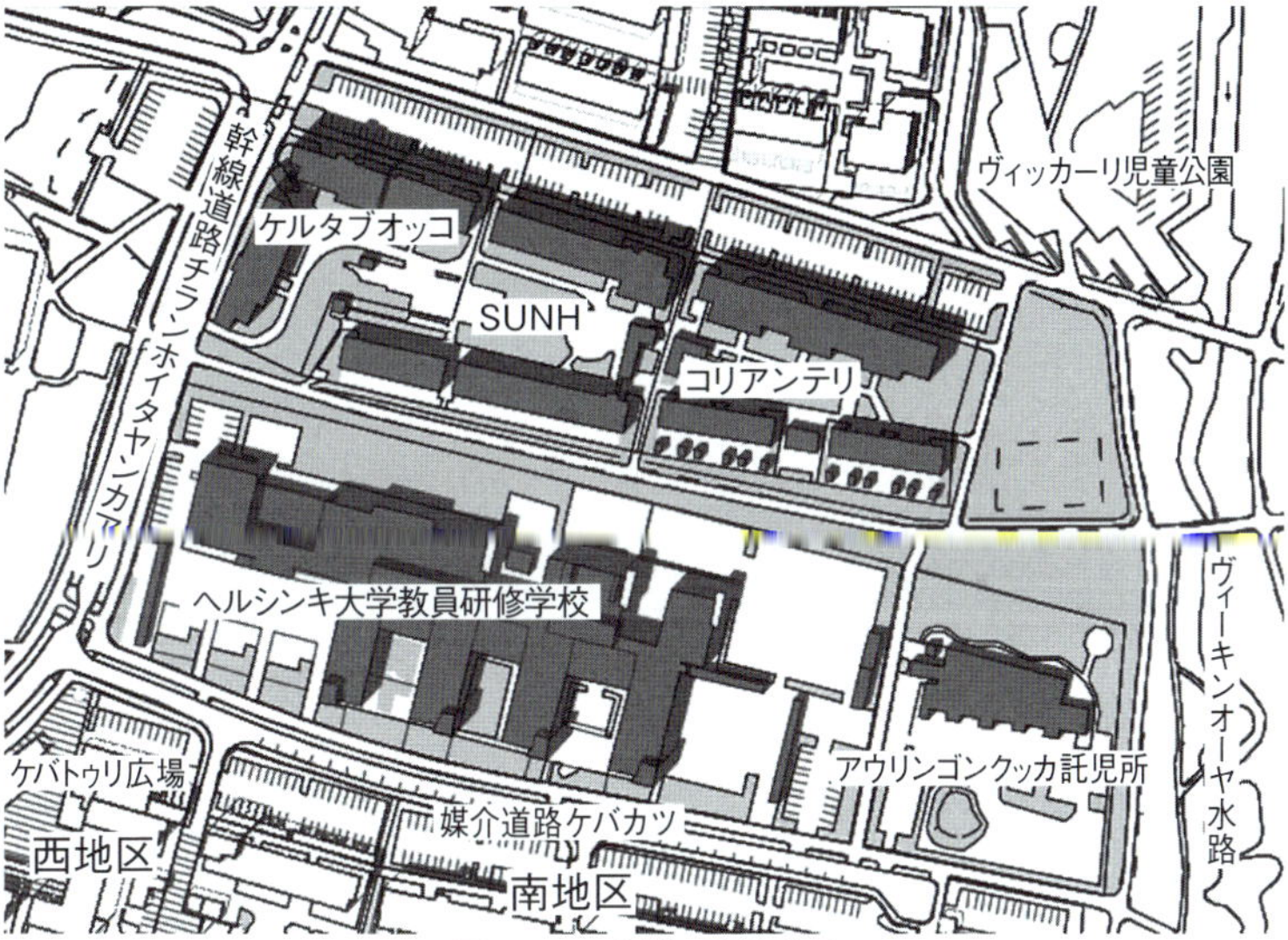

図 5-4　北地区配置図

表 5-1　北地区住区概要（面積は延べ床面積、単位㎡）

| 住区の名称 | 事業者 | 戸数 | 階数 | 面積 | 所有形態 |
|---|---|---|---|---|---|
| ケルタブオッコ | SKA | 63 | 5、6 | 6,209 | 分譲 |
| SUNH | ATT | 44 | 2、4 | 4,505 | 賃貸 |
| コリアンテリ | YIT | 55 | 2、4 | 5,384 | 分譲 |
| ヘルシンキ大学教員研修学校 | — | — | — | 14,449 | — |
| アウリンゴンクッカ託児所 | — | — | — | 1,012 | — |

事業者　SKA：スカンスカ社、ATT：ヘルシンキ市、YIT：YIT社

ラークソネンに、どうしてこの配置を提案したのかと聞いたら、「私はコンペ対象区域外の地区と連続した街並みにすることを考えて、市がコンペの資料として用意したその地域の住宅計画図の構成に合わせた住宅地を描いたのです。そして、私は南の住宅地と、学校と託児所の間に活発な道路空間を形成することを意図したのですが、実際には学校はそのような役割を果たしていませんね」という答えが返ってきた。

つまり、二等案と三等案はコンペ対象区域の中だけを考えていたのだが、一等案は周辺区域を含む都市の姿を構想したということが分かれ目だったようだ。

実際に北の住区と研修学校の間の道を歩いてみると、三階建ての研修学校と二階建てのテラスハウスの間の広い歩行者路が二つの用途の建築を結びつけており、違和感はなかった。

### ▼ケルタブオッコ（事業者：スカンスカ社　設計：ブルーノ・エラト設計事務所）

この住区はエコ・ヴィーッキの北西の隅にあり、五階建てと六階建ての二棟の中層集合住宅がL字形に配置されている。L字形に囲われた中庭は、球技場、池、市民農園、遊び場、緑地が設けられている。なお、「ケルタブオッコ」はアネモネを指す。

建物は鉄筋コンクリート造で、外壁はほとんどの壁面がスラリーで仕上げられ、外部の道路に面した一階など一部は黄色いレンガでアクセントカラーとなっている（写真5-1）。中庭に向いた面はバルコニーゾーンとされ、ガラス張りのバルコニー、一階にはサンルームが作られていて、三階まではバルコニーゾーンが前面に突き出ている（写真5-2）。このゾーンは内側の木製の壁を保護するとともに太陽熱を蓄え、そして住居からの熱損失をカットするバッファとなる。

住戸はすべて分譲住宅で、平均面積は七五・四平方メートルである。ほとんどの住戸はサウナを備えている。

写真5-1　ケルタブオッコ住棟西面

住居の空間は大変にフレキシブルで、ホームオフィス（在宅勤務）用の空間を作ることも可能である。寝室は、温度をリビングルームより低く設定できるよう、ゾーンとしてまとめられた。内装の仕上げ材は健康と耐久性を考慮して選択された。換気は熱交換器の付いた機械式換気（住棟セントラル方式）である。

各家庭用の大きな物置が住棟内の住居の近くに、自転車とスポーツ用具などのための広い物置が中庭に設けられている。

エコ・ヴィーッキでは、EUが太陽熱利用暖房システムの普及を支援する事業（EU Thermie プログラム）の助成を受けて「太陽熱による地域暖房システム」を構築し、全八〇三戸のうち約四六％の三六八戸が参加している。この住区もその一つで、太陽熱集熱器は屋根と一体化させている。

屋根からの流去水は庭の池や水槽に貯められ、中庭の水やりに使われる。そのために手漕ぎポンプが置かれている。池の近くのパーゴラは建物（小屋）に改造することができる（写真5-3）。植生は多層性を考慮して選定された。

### ▼SUNH（事業者：ヘルシンキ市<br>設計：ARRAK設計事務所 ハンヌ・キーマキル）

この住区は北のブロックの中央部に位置し、敷地の南には遊歩道と公園があり、良好な日照を得やすい。広い中庭を、北側は四階建ての中層住宅、南側は二棟の二階建てのテラスハウスが挟み込み、東側には共同サウナや集会室の建屋を配した構成となっている。事業者はエコ・ヴィーッキプロジェクトの推進主体であるヘルシンキ市であり、第一期の建設対象として最初に取り組まれた住区であるので、意欲的に多くの試みがなされた。

写真5-3　ケルタブオッコ中庭

写真5-2　ケルタブオッコ住棟南面

住戸はすべて賃貸住宅であり、平均面積は八〇平方メートルである。その四階建ての中層住宅は、西寄りにメゾネット（二層住宅）の住戸六戸を二段重ね、東寄りには一層のやや広い住戸とやや小さい住戸計四戸を配している。上段のメゾネット住戸は、住棟の西面に設けたらせん階段で三階に昇り、メゾネット住宅の南側に設けたアクセスバルコニーを経て住戸に達する。東寄りの住戸の近くにあるエレベータを使うこともできる。

なぜアクセスバルコニーという方式を採用したのだろうか。設計者のハンヌ・キースキル氏に訊ねたら、その理由として四点を挙げた。

①エレベータを最小化し、階段を暖めるため、②日当たりの良い建物の南面や共有地などの、子供たちが遊び、人々の関心が向く場所に動線を集めるため、③夏季には風を遮り、日陰を作り、冬季には日射で建物の南面を暖めることを妨げないため、④集合住宅のプランを標準化するため、中層住宅はメゾネットを二段重ねているが、そのメゾネットは敷地の南側の二階建てのテラスハウスと同じプランである。

①のエレベータを最小化するというのは、各階の東寄りの部分に設けたエレベータの負荷を軽減するという意味である。②は近隣社会の醸成を促進する効果を狙ったものであろう。

エネルギー消費量の抑制のために、屋根や一階の床スラブ、外壁の断熱性能が

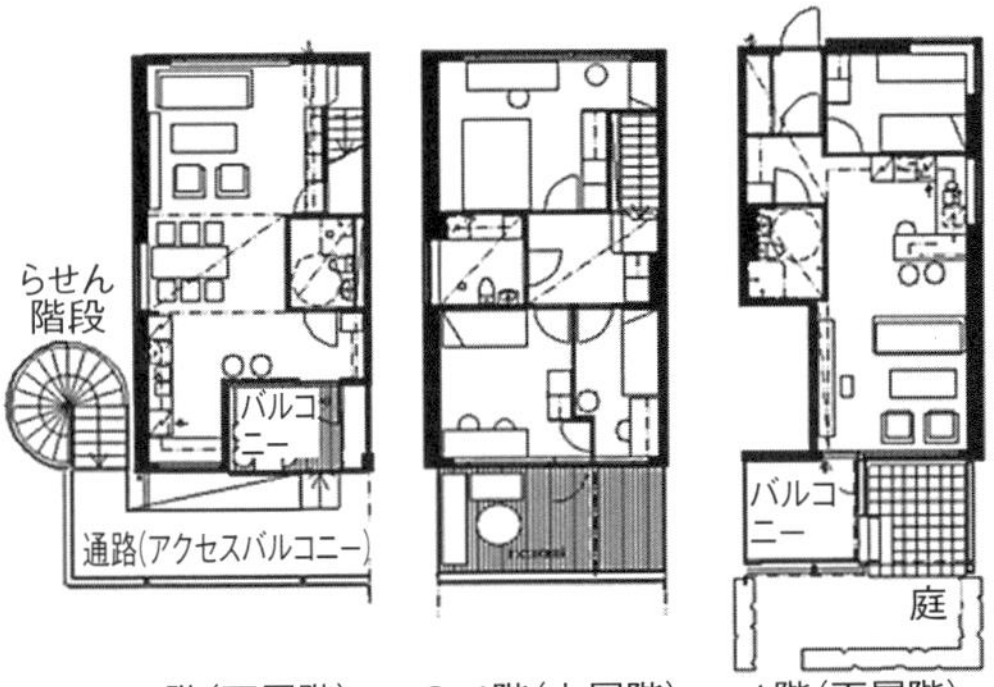


3階（下層階）　2、4階（上層階）　1階（下層階）

図5-5　SUNHメゾネット住戸間取り図

写真5-4　SUNH中層住棟南西面

強化された。図5-6はスラブや外壁の断面図である。屋根スラブは、二六・五センチの中空コンクリートスラブの上に蒸気バリヤのポリエチレンフィルムを敷き、断熱材の羊毛を四八センチの厚さで吹き付け、その上に木製の屋根トラスを設け、屋根の下地材をガルバナイズド鋼板で覆っており、熱貫流率（U値）は〇・一一と試算されている。なお、ガルバナイズド鋼板は鋼板に亜鉛とアルミの鍍金が施されたもので、日本でも外壁材や屋根材に幅広く使用されている。サッシは、ローイー（low-E）ガラスをはめた木製サッシ（U値一・〇ワット毎平方メートルK）が使われている。

この住区は、「地域太陽熱暖房システム」とは別に、やはりEUが支援する「太陽エネルギー新住宅プロジェクト」（SUNH）に採用され、住区独自の暖房システムを作った。中層住宅の屋根には集熱器のモジュール六三基が設置され、温められた熱湯は九立方メートルの貯湯タンク二基に蓄えられる。住宅内は、すべての居住空間で温水床暖房方式を採用している。

熱交換器を用いた熱回収率五〇％の効率的な機械式換気（換気扇を用いる方式）が各住戸に採用された。吸気はガラス張りのバルコニーや玄関を通過させて予熱する。

他にも、すべての浴室と台所で節水型（約三〇％）器具の採用、外壁用木製枠のプレファブ化、木製の屋根トラスおよびバルコニー構造体の採用、建設廃棄物の分別およびリサイクルを実施している。

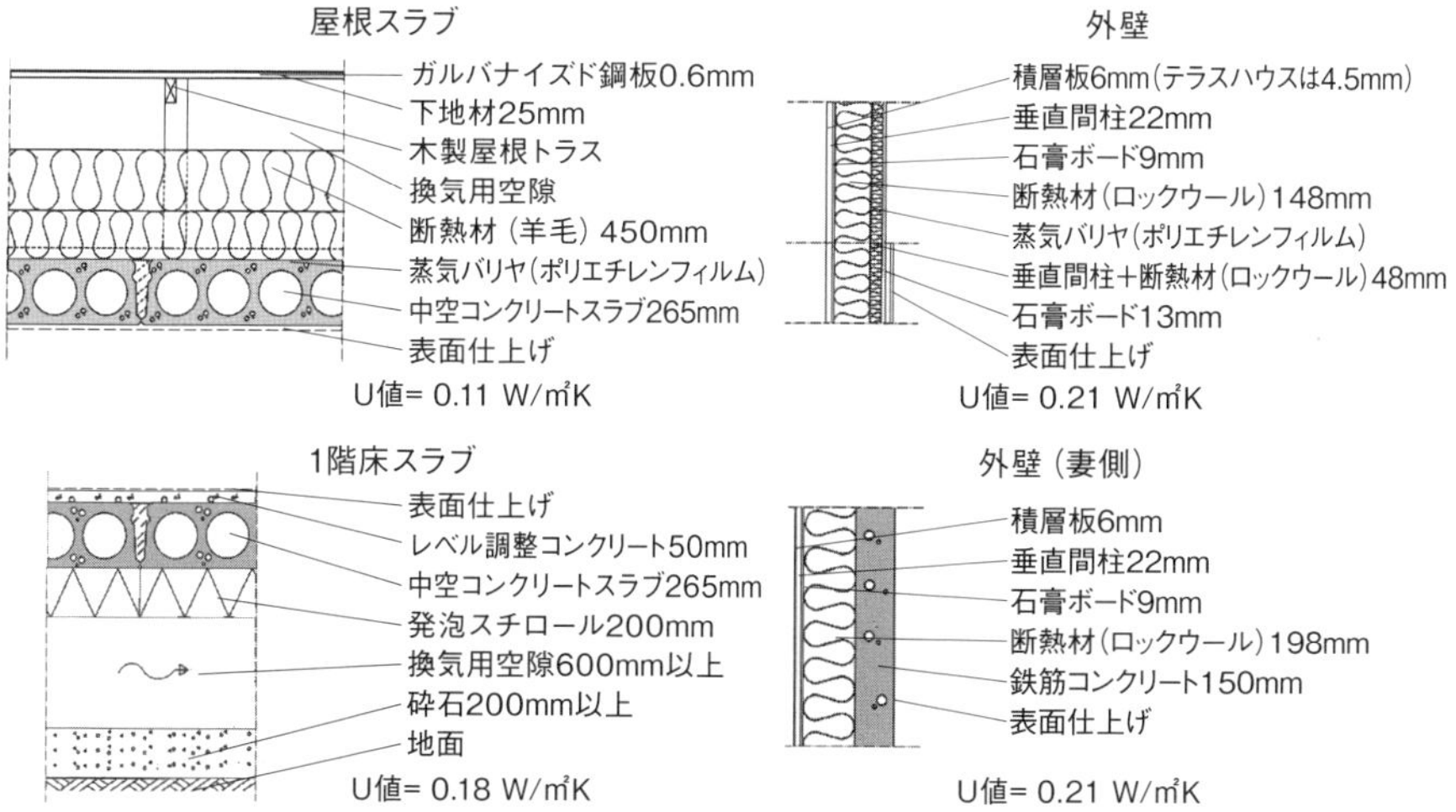


図5-6　スラブと外壁の詳細断面図

居住空間は、ガラス張りのテラスと玄関が春から秋の期間は生活空間を拡大し、標準的な市営の賃貸住宅より広く使える。

写真5-4は中層棟の南西面である。三階まで突き出たバルコニーゾーンは、ケルタブオッコの住棟との連続性を感じさせる。写真5-5は木造二階建ての低層棟である。中層住棟のメゾネット住宅は、この低層住棟を二段重ねたものである。

### ▼コリアンテリ（事業者：YIT社　設計：ユッカ・ツーチアイネン）

この住区には、四階建ての中層住宅一棟と、二階建てのテラスハウス二棟がある。全五五戸が分譲住宅で、平均面積は七四・六平方メートルである。なお、コリアンテリは香草のコリアンダー（香菜）である。

写真5-6は中層住棟の東面である。建物を高木や低木の多くの花木が囲んでいる。筆者が訪問したのは六月初旬であったが、白色や薄紫の花が開花していた。この東面にはガラス張りのバルコニーが突き出している。内部に居れば、おそらく空中に浮かんでいるような印象を受けるのではないだろうか。外部から居住者の姿や行動が見える。陽光を浴びている時は、上半身が裸の男性や、少年が水やりをする光景に出合った。

各住戸に設置された熱交換器つきの換気装置は、通信回線で遠隔制御される。

### ▼アウリンゴンクッカ託児所

エコ・ヴィーッキの計画区域の中には二つの託児所がある。北地区のヘルシンキ大学教員研修学校の東に位置するアウリンゴンクッカ託児所は、「ヘルシンキ市ヴィーッキのサスティナブルな託児所」という設計コンペをベースにして一九九六年秋に設計され

写真5-5　SUNH低層棟南面

写真5-6　コリアンテリ中層住棟東面

た。このコンペには九五の応募作が寄せられ、優勝したのは「ギズモ（新しい仕掛け）」（設計：ユハ・フータネン、イーッカ・ライチネン、ミッコ・メッツェホンカラ、ヤリ・ビールコスキ）という作品であった。建物は二つのゾーンに分かれている。北側のゾーンは厚い壁で覆われて、南側の保育室が並ぶゾーンの南面はガラスで覆われており、太陽エネルギーは南面から吸収される。

建物内の人数や使用状況に応じて暖房と換気を自動的に制御している。応募案に示された開発アイデアのいくつかはコストが理由で実現されず、建物の完成は二〇〇二年夏まで遅れた。

### ▼ヘルシンキ大学教員研修学校

北地区の南半分を占めるヘルシンキ大学教員研修学校（小学校と中学校、高等部レベルが対象）は、文部省のパイロットプロジェクトの一部で、実施された設計コンペで優勝したＡＲＫ住宅設計事務所の提案をベースに建てられた。

一九九四年に示された都市計画コンペの計画要件では、小学校と中学校を設けることが含まれていたが、一九九九年に基礎学校法が改正され、それまで六・三制だった基礎学校（小学校と中学校）は九年一貫制となった。ヘルシンキ大学教員研修学校は周辺居住者の基礎学校として位置付けられており、およそ一〇〇〇人の生徒と二五〇人の研修教員がいる。

写真5-7　ヘルシンキ大学教員研修学校

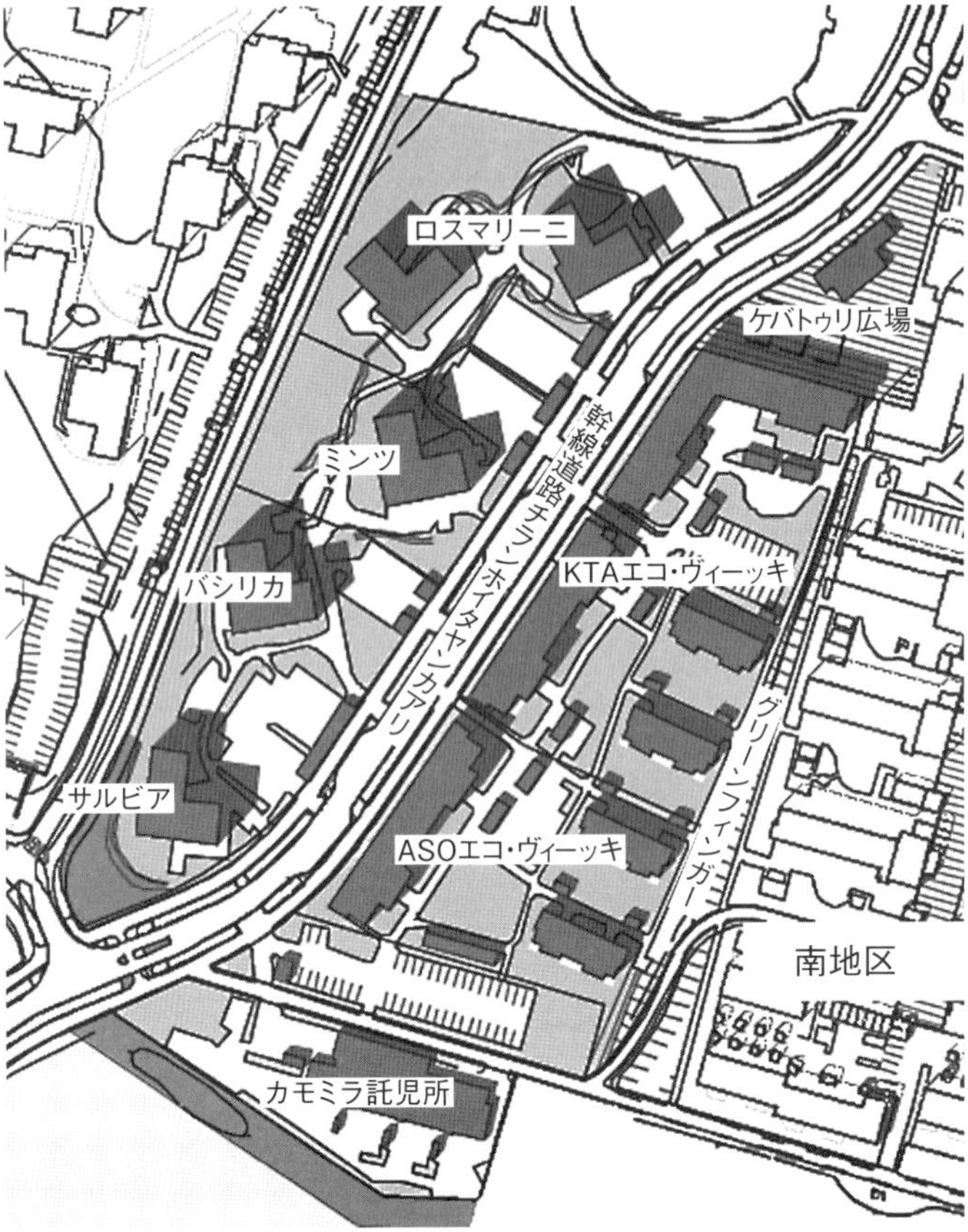


図 5-7　西地区配置図

表 5-2　西地区住区概要（面積は延べ床面積、単位 $m^2$）

| ブロック | 住区の名称 | 事業者 | 戸数 | 階数 | 面積 | 所有形態 |
|---|---|---|---|---|---|---|
| 東側 | ケバトゥリ広場 | — | — | — | — | — |
| | KTA エコ・ヴィーッキ | ATT | 87 | 2、4、5 | 8,265 | 賃貸 |
| | ASO エコ・ヴィーッキ | ATT | 38 | 2、4 | 3,889 | 居住権 |
| | カモミラ託児所 | — | — | — | 878 | — |
| 西側 | ロスマリーニ | YIT | 49 | 5、6 | 4,446 | 分譲 |
| | ミンツ | YIT | 23 | 6 | 2,182 | 分譲 |
| | バシリカ | YIT | 28 | 6 | 2,350 | 分譲 |
| | サルビア | YIT | 39 | 8 | 3,136 | 分譲 |

事業者　ATT：ヘルシンキ市、YIT：YIT 社

西地区には、北東から南西に幹線道路チランホイタヤンカアリが貫通していて、地区を二分している。その幹線道路の西側のブロックはゆるやかな傾斜地で、ロスマリーニ、ミンツ、ハシリカ、サルビアという四つの住区に五棟の住棟が並ぶ。幹線道路の東側のブロックの北端は、ケバトゥリ（春広場）と名付けられた近隣センター的な場所である。クラブハウスや店舗、健康センターなどがある。

その南には、ＫＴＡエコ・ヴィーッキ、ＡＳＯエコ・ヴィーッキという二つの住区があり、どちらも道路沿いに中層住棟が並び、中庭を挟んで東側に二棟のテラスハウスが配置されている。

また、緑道を越えた南の区画にはカモミラ託児所がある。バスの停留所は、ケバトゥリ広場とカモミラ託児所の近くの二か所に作られた。

この地区の東側は、グリーンフィンガーを挟んで南地区と接している。

### ▼ケバトゥリ広場

エコ・ヴィーッキの最も公共的なスペースがケバトゥリ広場である。集会室と健康センター（いずれも住棟内）、店舗、クラブハウスと学校といった地元を対象とするサービス施設が集中している。なお、健康センターは公共的な医療施設で、低料金で受診でき、無料ですべての子供たちと妊婦の成長や健康状態が定期的にモニターされ、彼らは定期的に健康センターを訪れる。

写真5-8は、幹線道路チランホイタヤンカアリから見たケバトゥリ広場である。

キーラ近隣クラブハウス（写真5-9）はケイス・コンサルタント設計事務所の設計で、二〇〇二年に完成した。ラトカルタノ副地区では、合計五つの近隣クラブハウスを作ることが予定されていた。そして、例えばキーラのクラブハウスでは手工芸に重点が置かれ、小規模の木工、金工と織物の仕事に適した施設と道具を整備するというように、それぞれが異なった活動を分担している。道路に面した側には廊下があり、窓から覗くと、手芸クラブで制作中の作品などが目に入る。ガイドラインによると、防音効果のある部屋も計画されている。音楽関係の活動のためであろう。

写真5-10は店舗（コンビニ）で、この建物は南地区のノッコクヤ3住区の建物の一部である。

写真5-8　ケバトゥリ広場

写真5-9　キーラ近隣クラブハウス

写真5-10　店舗（コンビニ）

**▼KTAエコ・ヴィーッキ／ASOエコ・ヴィーッキ**（事業者：ヘルシンキ市　設計：ユッカ・ツーチアイネン）

二つの住区は事業者も設計者も同じで、一体的に計画されている。西側には、幹線道路チランホイタヤンカアリに沿って三棟の中層の集合住宅が並び、住区を囲む城壁のような効果を与えている。

KTAエコ・ヴィーッキは賃貸住宅の住区で、二棟の中層住宅と、二棟のテラスハウス（平均的な面積は六四平方メートル）がある。集会室と健康センターがケバトゥリに面した中層住棟の一階に配置されている。ASOエコ・ヴィーッキは居住権住宅の住区で、一棟の中層住宅と、二棟のテラスハウス（平均的な面積は七五平方メートル）がある。

中層住宅は鉄筋コンクリート造で、道路に面した外壁は、北地区のケルタブオッコの中層住宅と同じく、ほとんどがスラリー仕上げで、一階に貼られた煉瓦の色は明るいベージュで、若干配色を変えている。

写真5-11はASOエコ・ヴィーッキ住区の中庭で、貸農園や物置小屋、その先に中層住宅が見える。物置小屋は、どの住区にも建てられている。写真5-12は中層住宅のサンルームである。住戸ごとに異なる家具や生活用具が見えて、生活実態も想像できそうである。写真5-13は、物置小屋の屋根に設置されたエコ・ヴィーッキで最大のソーラーパネル（集熱器）で、「太陽熱による地域暖房システム」の一部である。この物置小屋に設置されたパネルの設置角度は四五度であるが、他の集熱器の設置角度は二〇度から六〇度まで広範囲にわたっている。

住戸の浴室と水回りの部屋は、両住区とも床暖房を行っている。

雨水と屋根からの流水は、調整槽のある池に注がれる。市民農園の水やりのために、タンクから手漕ぎポンプで汲み出すことができる。

換気方式は、KTAエコ・ヴィーッキの住棟は給排気を機械式としていたが、道路に面していた吸気口からの騒音を防ぐ

写真5-11　ASOエコ・ヴィーッキの中庭

写真5-12　KTAエコ・ヴィーッキのサンルーム

写真5-13　集熱器

ために普通の吸気口に変えられた。ＡＳＯエコ・ヴィーッキの住宅の換気装置は重力式（暖気と冷気の比重差による方式）で、ＫＴＡエコ・ヴィーッキの住宅とは異なっている。

写真５‐14は、ＡＳＯエコ・ヴィーッキの中層住棟の屋根から突き出ている熱交換器である。この装置は、当初は風向により回転する仕組みを採用していた（写真５‐15）が、強風時の騒音と換気量の制御が難しいという問題で変更された。

写真5-14　ASOエコ・ヴィーッキ中層住棟の熱交換器

写真5-15　僧帽型熱交換器

**▼ロスマリーニ／ミンツ／バシリカ／サルビア**（事業者：ＹＩＴ社　設計：レイヨ・ヤリノラ）

幹線道路チランホイタヤンカアリの西側の日当たりが良い緩やかな斜面に、平面がＬ字形の五棟の中層住宅が間隔を置いて並んでいる。すべて分譲住宅で、ロスマリーニの住棟の平均面積は六六平方メートル（他は不明）である。すべての建物に共通の特徴は、南東と南西の面に設けられた同じデザインのガラス張りのバルコニーである。

サルビア（三九戸）はエコ・ヴィーッキで最も階数が多い八階建てで、ヘルシンキ市の中心部から道路でアプローチすると、エコ・ヴィーッキの門のように立っている。エコ・ヴィーッキで唯一、太陽電池のパネルがバルコニーのフェンスに取り付けられている。このパネルは、バルコニーの嵌め込みガラスに代えて用いられた。太陽電池のセルは二枚の強化ガラスの間に挟まれており、バルコニーの透明ガラスの役割を果たしている。パネルの合計面積は二〇〇平方メートルで、合計出力は二四キロワットピーク。それは総電力需要の約一五％に相当する。

写真5-16はバシリカ棟の南東面で、すべてガラス張りのバルコニーで覆われている。写真5-17はサルビア棟の南側からの遠景で、写真5-18はバルコニーの手すりに取り付けられた太陽電池である。

写真5-16　バシリカ住棟西面

写真5-17　サルビア住棟南面

写真5-18　太陽電池パネル

▼カモミラ託児所

カモミラ託児所は、ヘルシンキ市公共事業課「エコロジカルな託児所開発」プロジェクトのパイロットプランで、建築家ヤーコ・ハーパネンによって設計された。設計目標は、エネルギー消費を従来の施設に比べ三〇%下げること、室内環境の健康性、フレキシビリティ、維持管理を含めた建物のサービスの省エネルギー、建物の生涯における廃棄物の最小化、施設利用者への情報提供、協業を促進することなどが含まれており、二〇〇一年に完成した。

写真5-19　カモミラ託児所

## 4 南地区

この地区は、北側は媒介道路ケバカツ、西側は西地区の住宅地、東側と南側はヴィーキンオーヤ水路、さらにその先の公園などのオープンな空間につながっている。

地区の中は、ノッコクヤ、ヌプクヤ、ベルソクヤという庭路を住区が囲んだブロックが三つ並び、それらのブロックの間にグリーンフィンガーが入り込んでいて、エコ・ヴィーッキのエコロジカルな都市計画の特徴が顕著に表れている。グリーンフィンガーは、ほぼ南北方向を軸線としているが、南側に向かって幅が広くなっている。

媒介道路ケバカツに接するノッコクヤとヌプクヤ庭路のブロックの北端の住棟は四階建て、ベルソクヤ庭路ブロックの北端の住棟は三階建てと二階建てで、ヴィーキンオーヤ水路に近づくにつれて階数を低めている。

それらの住棟の南側の区域には二～三階建ての住棟、さらに南側の緑道を越えた区域は二階建てのテラスハウスというように、階数は北から南にかけてしだいに低くしている。

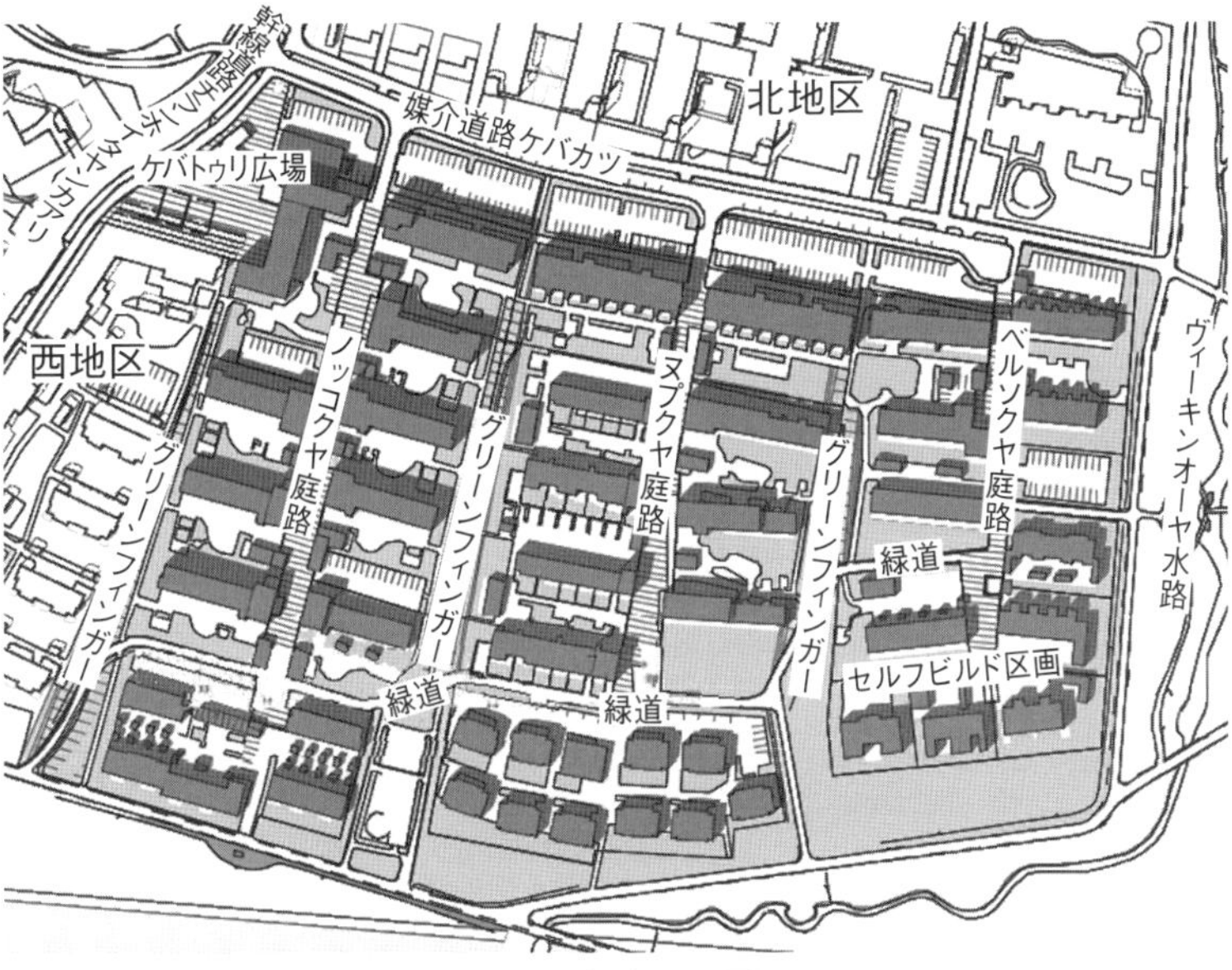


図5-8　南地区配置図

表5-3　南地区住区概要（面積は延べ床面積、単位$m^2$）

<table>
<tr><th>ブロック</th><th>住区の名称</th><th>事業者</th><th>戸数</th><th>階数</th><th>面積</th><th>所有形態</th></tr>
<tr><td rowspan="6">ノッコクヤ</td><td>ノッコクヤ 3</td><td>VVO</td><td>33</td><td>5</td><td>3,836</td><td>賃貸</td></tr>
<tr><td>ノッコクヤ 4</td><td>VVO</td><td>28</td><td>4、5</td><td>2,528</td><td>賃貸</td></tr>
<tr><td>ノッコクヤ 6</td><td>VVO</td><td>34</td><td>2、3</td><td>3,460</td><td>居住権</td></tr>
<tr><td>ノッコクヤ 7</td><td>VVO</td><td>34</td><td>2、3</td><td>3,327</td><td>居住権</td></tr>
<tr><td>エコケイダス</td><td>VVO</td><td>9</td><td>2、3</td><td>974</td><td>分譲</td></tr>
<tr><td>エコヘルミ</td><td>VVO</td><td>22</td><td>2</td><td>2,360</td><td>分譲</td></tr>
<tr><td rowspan="5">ヌプクヤ</td><td>アウリンゴンクッカ</td><td>SKA</td><td>31</td><td>4</td><td>2,781</td><td>分譲</td></tr>
<tr><td>バルコアピラ</td><td>SKA</td><td>31</td><td>4</td><td>2,781</td><td>分譲</td></tr>
<tr><td>アホマンシッカ</td><td>SKA</td><td>44</td><td>2、3</td><td>3,698</td><td>分譲</td></tr>
<tr><td>ヘラス・ヌプクヤ</td><td>HELAS</td><td>26</td><td>2、3</td><td>2,700</td><td>居住権</td></tr>
<tr><td>ニチレイニキ</td><td>SKA</td><td>21</td><td>2</td><td>2,996</td><td>分譲</td></tr>
<tr><td rowspan="8">ベルソクヤ</td><td>ベルソクヤ 3</td><td>ESY</td><td>31</td><td>2、3</td><td>2,636</td><td>居住権</td></tr>
<tr><td>ケバカツ</td><td>ESY</td><td>12</td><td>2</td><td>1,228</td><td>分譲</td></tr>
<tr><td>アーンライタ</td><td rowspan="6">セルフビルド</td><td>5</td><td>2</td><td>680</td><td>分譲</td></tr>
<tr><td>ベルソクヤ 6</td><td>4</td><td>2</td><td>590</td><td>分譲</td></tr>
<tr><td>ビラアベナ</td><td>2</td><td>2</td><td>745</td><td>分譲</td></tr>
<tr><td>ベルソクヤ 8</td><td>4</td><td>2</td><td>652</td><td>分譲</td></tr>
<tr><td>エロビレ</td><td>4</td><td>2</td><td>500</td><td>分譲</td></tr>
<tr><td>ベルソクヤ 10</td><td>2</td><td>2</td><td>477</td><td>分譲</td></tr>
</table>

事業者　VVO：VVO社、SKA：スカンスカ社、
HELAS：ヘルシンキ居住権住宅協会、ESY：ESY社

## ◇ノッコクヤ庭路ブロック

このブロックの事業者と設計者は、設計コンペの優勝案（提案名「エコテコ」）を作成したメンバーで、その案を基礎としている。各住区内の中庭は、人々を庭路から住戸の玄関へと導き、お互いの交流を促すたまり場（ホワイエ）的な性格を持たせている。

写真5‐20は、媒介道路ケバカツからノッコクヤ庭路の出入口とその左側（東側）の中層住宅ノッコクヤ4の北面を撮影したものである。写真に映ってはいないが、庭路の出入口の右側の住棟ノッコクヤ3は五階建てで、二棟はあたかもこの庭路の門のように感じられる。

写真5‐21は庭路に少し入った地点である。すらっとした樹木はヨーロッパポプラで、この樹木はどの庭路にも植えられており、庭路のシンボルツリーとなっている。両脇に車庫があるが、エコ・ヴィーッキでは屋外の駐車場がほとんどで、車庫は庭路ブロックのテラスハウスを主体とした住区でのみ見られる。

写真5‐22は、緑道を越えてから、北方向を撮影したものである。自動車進入禁止の道路標識があるが、路上に置かれたプランターは、それでも通り抜けようとする不心得者への対策だろうか。

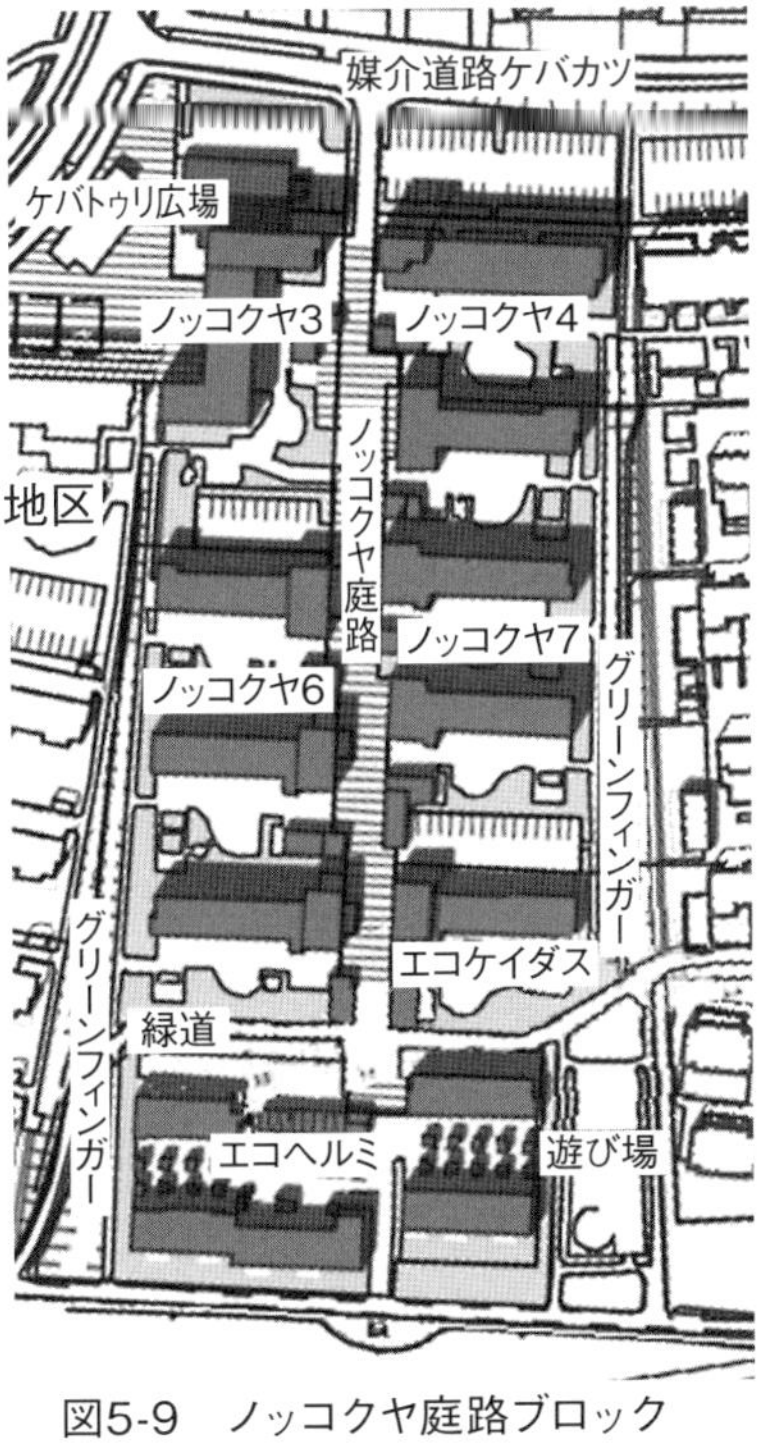


図5-9　ノッコクヤ庭路ブロック

▼ノッコクヤ3／ノッコクヤ4／ノッコクヤ6／ノッコクヤ7（事業者：VVO社　設計：フンガ・フンガ設計集団）

ノッコクヤ3とノッコクヤ4は賃貸住宅の住区で、合計六一戸の賃貸住宅がある。ノッコクヤ3はケバトゥリ広場に接しており、低層階に店舗（コンビニ）と業務用空間がある。住戸の平均面積は七一・六平方メートルと六二平方メートルで、ノッコクヤ3の方が一回り大きい。

ノッコクヤ6とノッコクヤ7は居住権住宅の住区で、一部が三階建ての住棟が三棟ずつ建てられ、合計六八戸の住戸がある。住戸の平均面積は七五・二平方メートルと七二・九平方メートルで、ノッコクヤ6の方が少し広い。

写真5-23はノッコクヤ3の住棟の南面と東面である。突き出したガラス張りのバルコニーが南面にも東面にもある。

写真5-24と5-25は三階建てのノッコクヤ6の住棟の北面と南面である。直線的でスリムなデザインが特徴的である。配

写真5-20　ノッコクヤ4北面

写真5-21　ノッコクヤ庭路

写真5-22　ノッコクヤ庭路南端部から

色としては、明るい灰色をベースカラーとして、バルコニーの腰壁部分はアクセントカラー的に北面は水色、南面はベージュ色を使っている。

写真5-26はノッコクヤ7の住棟を南東方向から撮影したもので、住棟の周囲は中低木の植栽帯となっている。

写真5-23　ノッコクヤ3南面と東面

写真5-24　ノッコクヤ6北面

写真5-25　ノッコクヤ6南面

### ▼エコ・ケイダス／エコ・ヘルミ（事業者：VVO社　設計：マチ・ポーチネン）

エコ・ケイダスとエコ・ヘルミは分譲住宅のテラスハウスの住区で、五棟のテラスハウスに三一戸の住戸がある。住戸の平均面積は九一・七平方メートルと八九・八平方メートルでさらに広い。

ノッコクヤ庭路のブロックに属す住区は、デザインも統一性や連続性がある。エコ・ケイダスとエコ・ヘルミは、ノッコクヤ6とノッコクヤ7とディテールもよく似ているが、全体的に北から南に向かうにつれて、人工から自然へと材料や配色も少しずつ変化させているようだ。エコ・ケイダスとエコ・ヘルミは、ベージュ色の割合が高くなっている。

それぞれの住戸は熱交換器つきの給排気換気システムを採用し、床下から機械式で換気する。

写真5-27は共同サウナの出入口で、庭路に接した三階建ての部分にある。写真5-28はテラスハウスのエコ・ヘルミの南面で、庭はパーゴラで覆われ、木製のフェンスと物置がある。物置の屋根には草が植えられている。

写真5-26　ノッコクヤ7西面

写真5-27　共同サウナ入口

写真5-28　エコ・ヘルミ南面

### ▼グリーンフィンガー

写真5-29と5-30はグリーンフィンガーの貸農園で、写真5-30に映っている木製の枠は堆肥を作るためのものである。刈った草や枯葉などを収容することによって、廃棄物の削減にも貢献している。写真5-31はたまたま出会った農作業中の家族で、聞いてみると、この場所は今年から使い始め、植えているのは人参、じゃがいも、たまねぎ、ほうれん草など。ルバーブ（ショクヨウダイヨウ）も植えようと思っていると答えた。

写真5-32は高木が植樹された箇所、写真5-33は低木の箇所である。ガイドラインに掲載された断面図（図4-12）には両脇に高木が示されているが、実際にはあまり高木は植えられていない。歩行者路は石灰で表層処理されている。

写真5-34は水やり用の手漕ぎポンプである。

写真5-29　貸農園

写真5-30　貸農園

写真5-31　農作業中の家族

写真5-32　歩行者路と高木

写真5-33　低木の箇所

写真5-34　手漕ぎポンプ

## ◇ヌプクヤ庭路ブロック

このブロックは、設計コンペで佳作となった「EKOLA」をベースとしている。媒介道路ケバカツに沿って四階建ての集合住宅、ヌプクヤ庭路に沿った二～三階の低層住宅と南の部分の二連戸住宅の三つのタイプの住宅がある。

事業者はいずれもスカンスカ社である。同社は早くから環境分野に積極的な姿勢で臨んでおり、このエコ・ヴィーッキの住宅開発でも様々な取り組みをみせた。同社は、省エネルギー性能の向上のために、断熱材を厚くし、熱交換器によって熱を回収し、パッシブな太陽熱の利用、省エネルギー型の器具の設置と洗濯室やサウナの共同化を行ったと報告している。

断熱材はフィンランドの建築基準より二〇%以上厚くし、熱交換器は暖房した熱量の五〇～七〇%を回収する装置を設置し、パッシブな太陽熱利用と熱損失を減らすバッファゾーンとして南面に大きな窓とサンルームまたはガラス張りのバルコニーを設けた。

五つの住区のうち、アホマンシッカを除く四つの住区が「太陽熱による地域暖房システム」に参加している。また、中水の処理、熱回収、暖房と換気の種々の形式などのエコ技術が実験された。

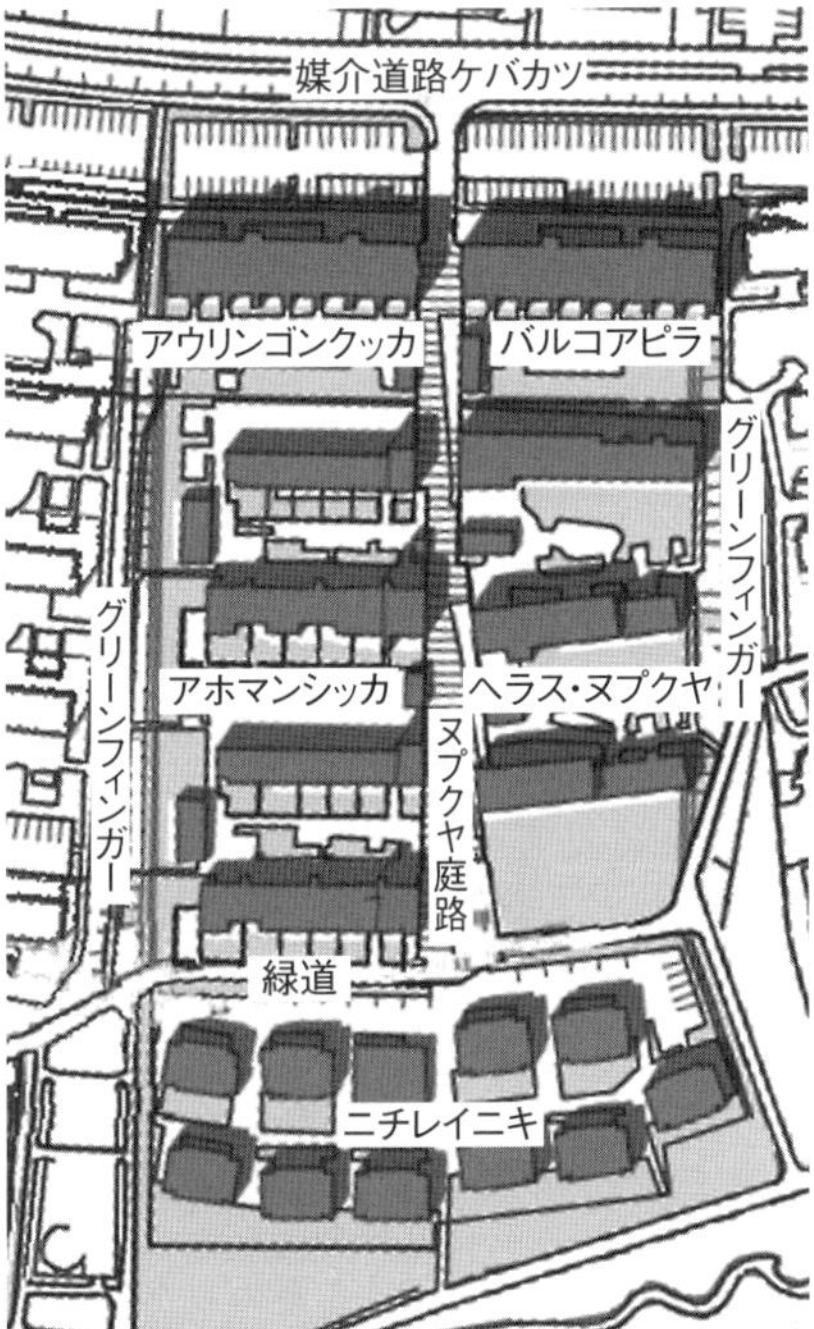


図5-10　ヌプクヤ庭路ブロック配置図

スカンスカ社は、住宅の環境負荷を低減するために、エコメーターというソフトウェアを開発していた。これは、建築材料や設備、部屋の断熱性能などから、建設段階から使用段階、維持管理の行為が環境に与える負荷やインパクト（再生可能エネルギ

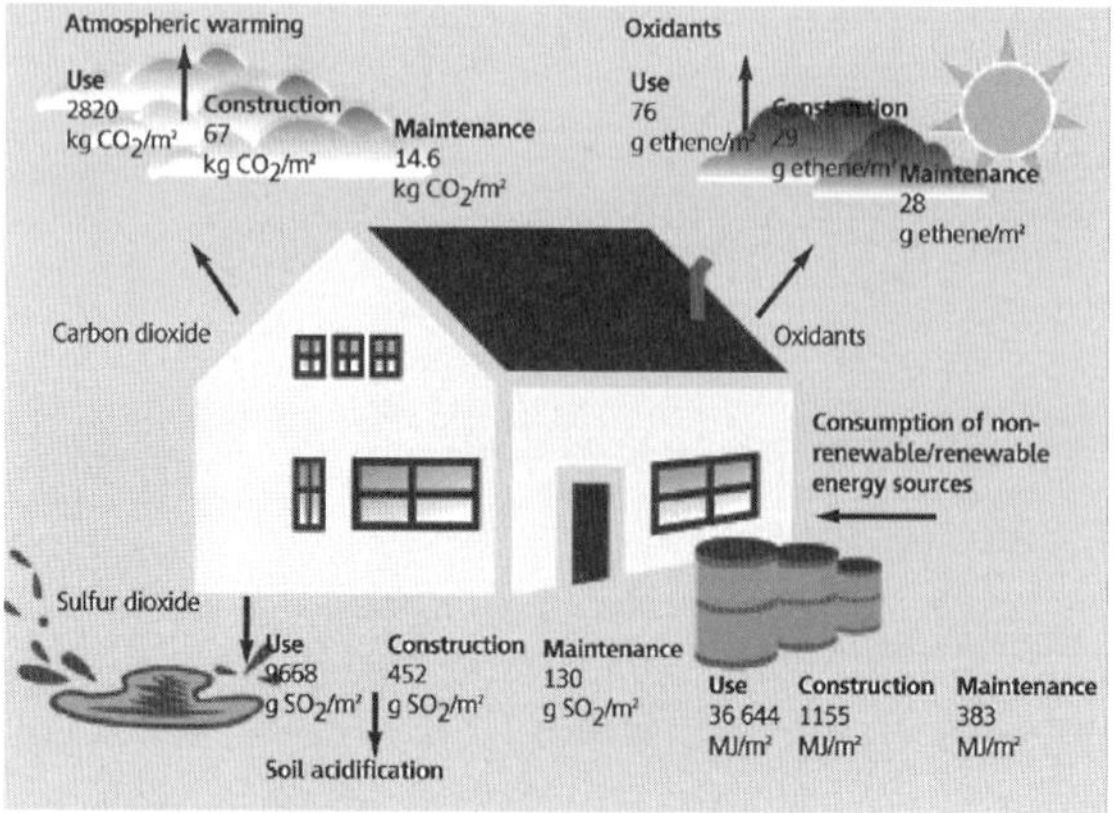

図5-11　エコメーター概念図

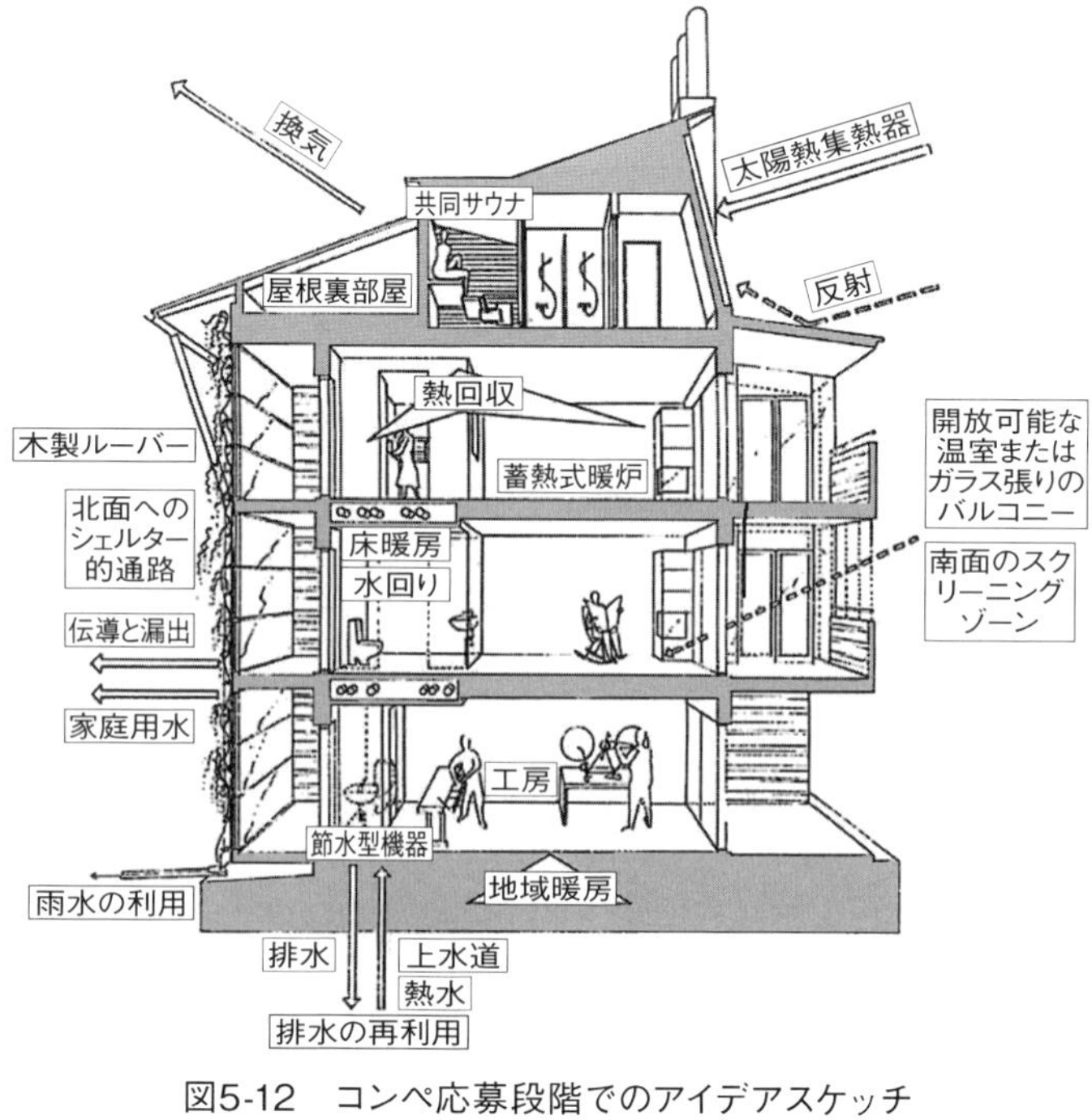

図5-12　コンペ応募段階でのアイデアスケッチ

ーおよび再生不能エネルギーの消費量、大気中への二酸化炭素および二酸化硫黄の排出量、廃棄物の排出量、再生可能および不能な天然材料の使用量など)を推測するもので、設計者が試算を繰り返せるようにウェブサイトで使うシステムにしている。エコ・ヴィーッキのプロジェクトでも、開発間もないこのソフトウェアが使われた。

図5-12は、設計を担当したキルスティ・シヴェン設計事務所が作成した設計コンペ段階の中層住宅のアイデアスケッチである。太陽熱集熱器、南面のスクリーニングゾーン、地域暖房、水回りの床暖房、節水型機器の採用、それと、位置は屋根裏ではなく北面のゾーンに変わったが、共同サウナなどのアイデアは実現された。

写真5-35はヌプクヤ庭路の出入口で、二棟の中層住宅が門のごとくに並んでいるのは、ノッコクヤ庭路と同じである。写真5-36はその内部で、ノッコクヤ庭路(写真5-21)と同じくヨーロッパポプラが植樹されている。うろこのように並べられた花崗岩の舗装は、この庭路の特徴である(図4-10)。

写真5-35　ヌプクヤ庭路入口

写真5-36　ヌプクヤ庭路

**▼アウリンゴンクッカ／バルコアピラ**（事業者：スカンスカ社　設計：キルスティ・シヴェン設計事務所）

アウリンゴンクッカとバルコアピラは共に四階建ての分譲住宅用の住区で、住戸数三三戸も住戸の平均面積六三平方メートルも同一の双子のような建物である。各階に北側に面した階段が二か所あり、その階段は内部の廊下を経て、面積の異なる四戸の住戸にアクセスする構成となっている。分譲住宅では先例が少ないのだが、サウナと洗濯室を共有としていて、趣味の部屋（ホビールーム）を経て、廊下に結び付けられている。

各住戸には南面にガラス張りのバルコニーゾーンがある。また、床は将来の改築を容易にするためにアクセスフロア（二重床）が採用されている。換気は熱交換機付きのセントラルの機械式換気である。

バルコアピラの住戸は、ウェブサイトで水の消費量がリアルタイムで確認できる。

屋根の上に「太陽熱による地域暖房システム」の集熱器が設置されているが、システムの効率を比較するために、集熱器の面積はバルコアピラが二倍広く、貯湯タンクはアウリンゴンクッカは九立方メートルが一

写真5-37　アウリンゴンクッカ南面

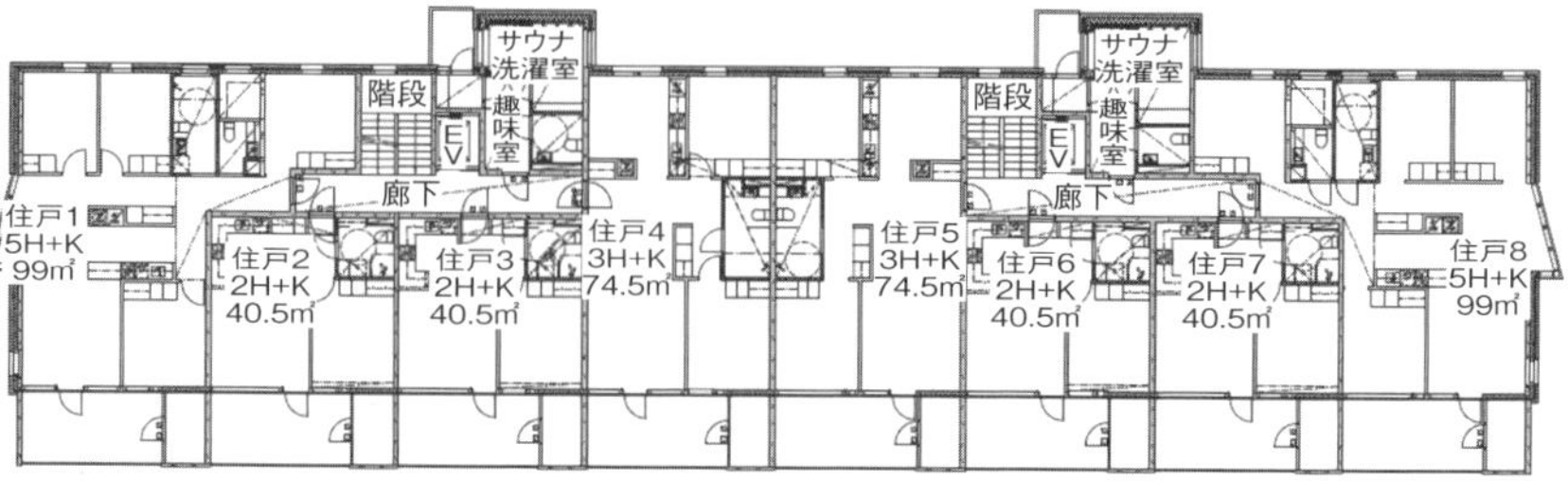


図5-13　アウリンゴンクッカとバルコアピラの平面図

基、バルコアピラは四・五立方メートルと九立方メートルのタンクを設けている。
なお、アウリンゴンクッカは「ひまわり」、バルコアピラは「シロツメクサ」である。

**▼アホマンシッカ**（事業者：スカンスカ社　設計：キルスティ・シヴェン設計事務所）

アホマンシッカ住区には、庭路の接する部分だけが三階建てのテラスハウスが四棟あり、合計四四戸の住宅がある。共同のサウナと洗濯室が共有庭のサービス建物に設けられている。

写真5-38は庭路から見た中庭と住棟の南面で、右側には自転車などを格納する小屋が設けられている。写真5-40は東端部で、一階は共用の倉庫、二階と三階は二層の住戸で、サンルームへのらせん階段がある。

写真5-38　アホマンシッカ中庭

写真5-39　アホマンシッカ北面

写真5-40　アホマンシッカ東端部南面

筆者が写真5-39を撮影していたら、建物の右手から二名の子供が現れ、一つの玄関のドアが開いて父親と思しき人物が顔を出したので、住み心地を聞いてみた。

**Q　あなたはこの住宅にどれくらい住んでいるのですか？**

A　六年間。

**Q　じゃあ、ここが出来てすぐに住まわれたのですね。**

A　そう。最初から。

**Q　ここでの暮らしは、いかがですか？**

A　住宅は良いし、周りも自然公園が沢山あるし、自転車やランニングを楽しんでるよ。ベリーナイスだね。

**Q　この住宅は、いかがですか？**

A　玄関周りが気に入ってるよ。だけど冬は、この天蓋は雪が積もって暗くなるね（写真5-41）。雪の重量に耐えられなくて壊れそうなので取り換えられるそうだ。それだけが問題なところだね。他に非難される箇所はない。

**Q　あなたは、ここでの生活を楽しんでいますか？**

A　そう。エンジョイしてるよ。

**Q　どうもありがとうございました。**

A　ちょっと待って。サウナを見ていくかい？（共同サウナへ移動）ここが共同サウナ、サウナが二室ある。そして、こちらは洗濯室。で、こっちがジム（写真5-42）。誰もがいつでも使えるよ。

（インタビュー二〇一一年五月二八日）

写真5-41　アホマンシッカ天蓋

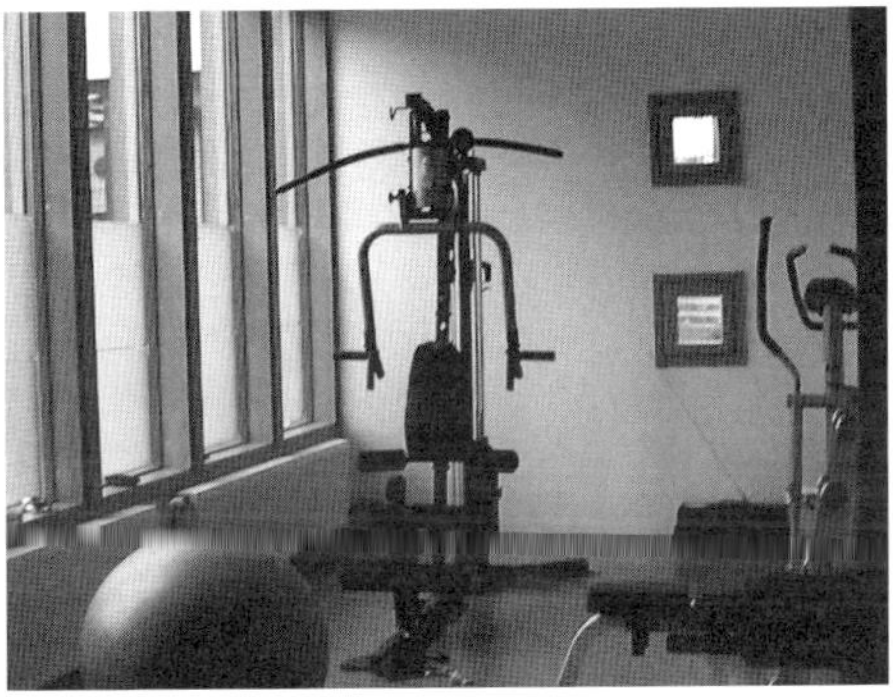
写真5-42　共同ジム

▼ヘラス・ヌプクヤ（事業者：ヘルシンキ地域居住権住宅協会　設計：アフト・オッリカイネン設計事務所）

ヘラス・ヌプクヤは、ヘラス（ヘルシンキ地域居住権住宅協会）によって建設された居住権住宅の住区である。ヌプクヤ庭路の東側に三棟の三階建て木造テラスハウスが南北に配置され、テラスハウスの間に中庭がある。平均住居面積は約八〇平方メートル、各住居にはガラス張りのバルコニーまたは南に面したテラスがある。

クラブルームや洗濯室などの共用スペースも豊富に設けられ、それによって個々の住戸のスペースを節約している。共同サウナが二か所あり、その一つは薪を使う。

ここの住宅の新しい試みはデュアルビーム構法と呼ぶ新しい構法を採用したことで、プラットホームとなる木材のフレームと、独立して支持された床によって、住居内の部屋のレイアウトだけでなく、住戸間の戸境壁も変更が可能となる（図5-15）。

多層階の建物の内部はオープンなホールのような空間で、階ごとに軽い壁で住戸を自由に配置することができる。建物の完成後に壁を変更することも可能である。

床の構造部材を木材にしたことで将来の改築が容易となり、木材は伝統的なフローリングなど内装にもふんだんに使われた。

この住宅は、居住者の要望を設計に反映させる「人間中心設計」に基づいて設計され、入居者の間で人気が高かったそうだ。

設計を担当したアフト・オッリカイネン氏を、彼の設計事務所に訪ねた。

**Q　自己紹介をしてください。**

A　私は、住宅のレイアウトの自由度を増大できるデュアルビーム構法を開発するために、エコ・ヴィーッキプロジェクトに参加しました。この方式が設計段階からのユーザーの参加に役立つと考えたデベロッパーと共に、この構法を開発したのです。

**Q　住宅の間取りのフレキシビリティに対するニーズは高いのですか？**

A　私のアイデアと目的は、フレキシブルな住宅を作ることを可能にすることです。デベロッパーは、設計へのユーザー参加を狙っていたので、一緒に取り組んだのです。

**Q　どんな住宅を作っていきたいですか？**

A　私は木材で躯体を構成する工法に関心を持っています。低層住宅だけでなく中層の住宅でも、この方式を採用した住宅に取り組んでいます。

エコ・ヴィーッキのヘラス・ヌプクヤ住宅は、この技術を初めて木材の構造体に適用したプロジェクトでした。その後、二〇〇二年から二〇〇五年にかけて、さらに技術が改良され、ヘルシンキ市ヴォサーリ開発プロジェクトのオメナミ

写真5-43　ヘラス・ヌプクヤ南西面

地区で、三〜四階建ての木材のハイブリッド構造（木製トラスとコンクリートスラブ）の住宅に適用されました。設計の自由度を高めることは、建物のユーザーの要望に対応する性能も高めることになります。

**Q　ヘラス・ヌプクヤでは、ユーザー参加はどのように進行したのですか？**

A　住戸数は二六戸で、二二組の入居予定者が最初から設計検討会に参加しました。残りの四戸の入居者も完成前に決まりました。

設計者が入居者の住宅に対する主要な要望を集め、それに基づいて基本計画を作りました。設計を進める過程で、もう一回、より詳細な要望を聞き、可能なことは設計に反映させました。

居住者がプロジェクトと深い関わりを持ち、設計案に自分が影響を及ぼしたり、自分のプロジェクトだと感じられる設計のプロセスの結果として、居住者間の交流は使用開始から一〇年経った今でも感じられます。

写真5-44　アフト・オッリカイネン氏

図5-14　デュアルビーム構法

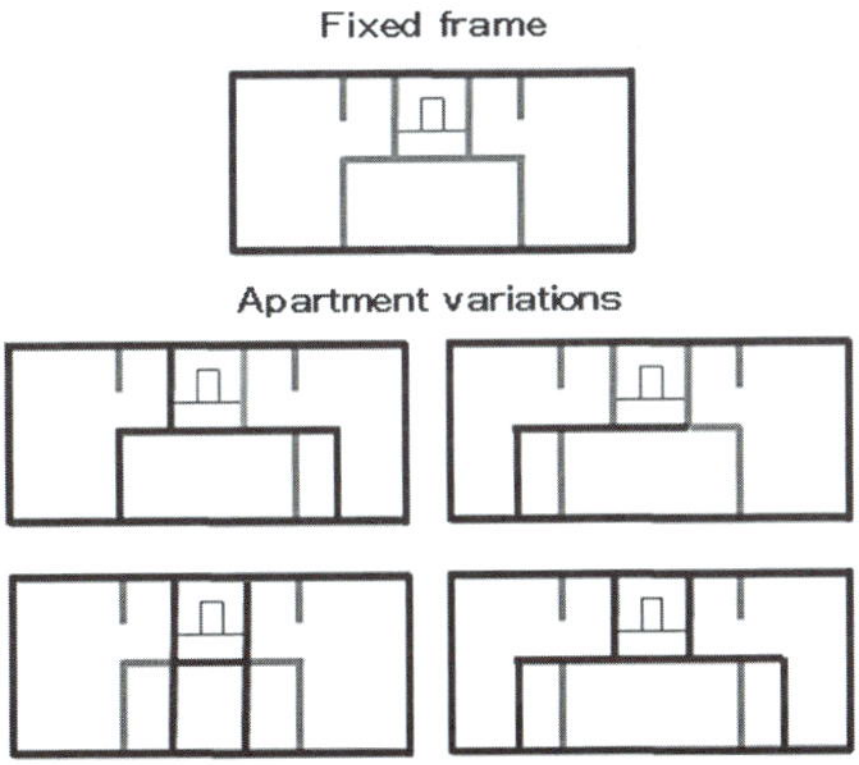


図5-15　プランのバリエーション

ヘラス・ヌプクヤとオメナミの両方のプロジェクトはパイロットプロジェクトであり、成功しました。しかし、木構造はまだ珍しく、多層階の建物はヘルシンキでは三つのプロジェクトしか建てられていません。それゆえ、この技術を進展させる可能性は乏しくなっています。

私は一九九五年にフィンランドで、その後広くヨーロッパ、ロシア、北アメリカと日本で、この技術の特許を取りました。しかし、パイロットプロジェクトが成功しても、商業化するための私の資力と技術は十分ではなく、継続するプロジェクトが見込めなかったので、私は特許権を手放さなければなりませんでした。

ですから、今ではデュアルビームの技術は誰でも使えます。この技術は、さらに進展する可能性を持っていると思います。もし、さらにこの技術を発展させたい方が現れたら、私は喜んで私の経験と知識を差し上げたいと思います。

**Q　あなたにとって、エコ・ヴィーッキプロジェクトは、どのような意味がありましたか？**

A　エコ・ヴィーッキプロジェクトは、木材で躯体を構成する工法の開発に役立ちました。私はこの工法をヘルシンキの他の住宅の設計にも採用しています。ただ、残念なことに、木造の住宅に対する需要は低下してしまいました。これから、また伸びてくることを期待しています。

（インタビュー二〇一一年五月二七日）

**▼ニチレイニキ**（事業者：スカンスカ社　設計：キルスティ・シヴェン設計事務所）

ニチレイニキ住区には一一棟の二戸連続住宅が建てられた。そのうち中央部北側の住棟の一戸は、ホビールーム（趣味用の部屋）や小さな温室などのある共用空間である。

住宅はパッシブソーラーハウスを目指したもので、表面積を少なくするため、立方体のような形にしている。各住居は二階建てで、開口部が一〇平方メートル、高さ六メートルの大きなガラス張りのサンルームがある。その部屋は、小さな換気窓と二つのドアで居住部分とつながっている。このスペースはバッファゾーンとなり、夏期には、過剰な熱でオーバーヒートしないように、上階と階下の窓の煙突効果を利用して簡単かつ自然に換気することができる。冬には、スペースは予熱ユニットとして機能する。キッチンの冷却機器とキャビネットは北側の保護ゾーンとなる。サンルームとつながった前室はエントランスホールとして使われる。各住戸は熱交換器つきの給排気換気システムを採用している。

ニチレイニキの住棟の最初の年の熱エネルギー消費量は、一平方メートル当たり九一・二キロワット時であった。それはエコ・ヴィーッキの平均値一二〇キロワット時の約四分の三である。五〇年間の二酸化炭素排出量は、一平方メートル当たり二五七五キログラムと推定された。これは、設計当時のヘルシンキ市の住宅の六四%に相当する。

建設時の建設廃棄物のリサイクル量は、エコ・ヴィーッキにおける平均値は四五%であったが、ニチレイニキは五二%であった。ちなみに、フィンランドのスカンスカ社の二〇〇四年の平均値はおよそ三〇%であった。

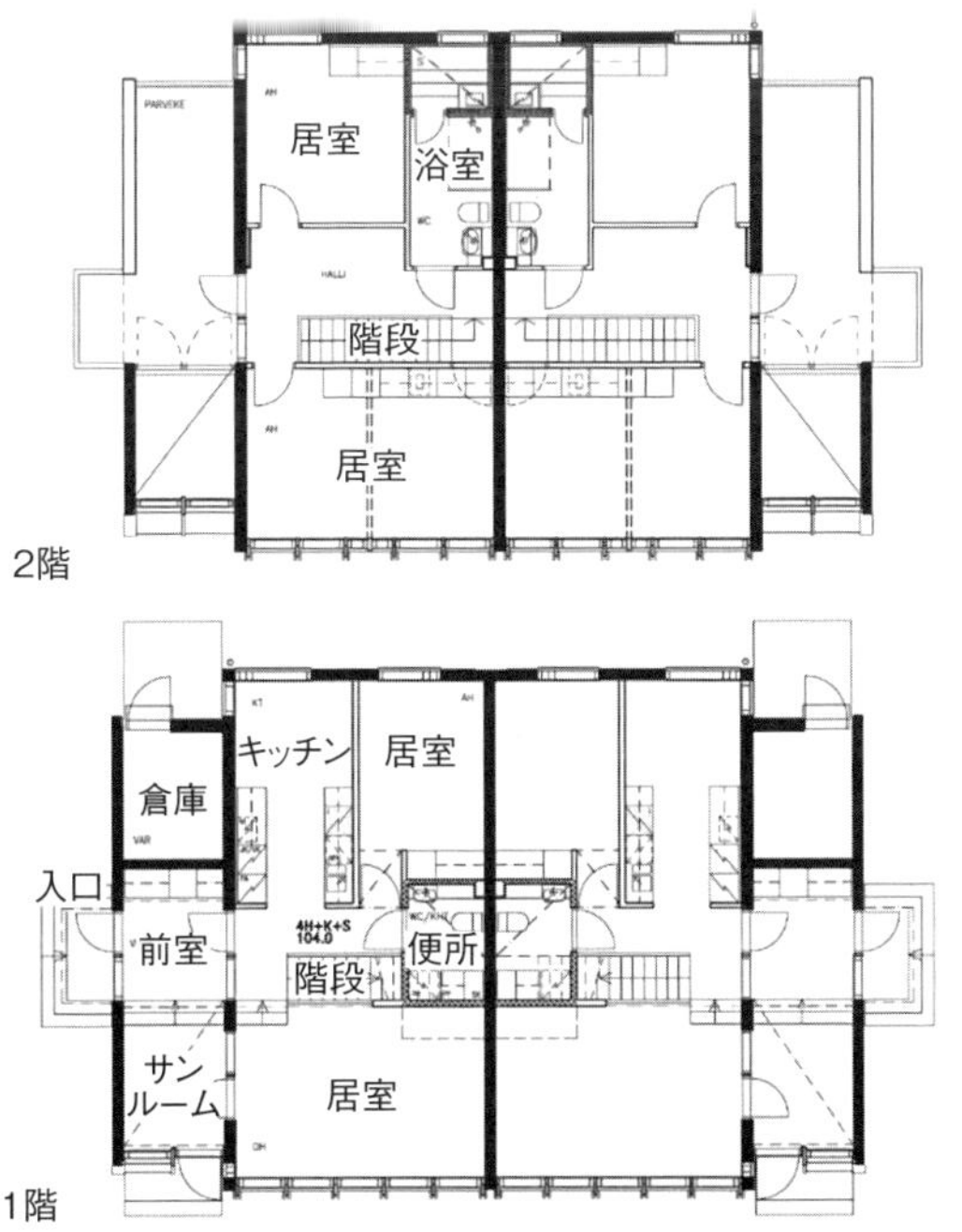


図5-16　ニチレイニキ住戸間取り図

写真5-45は遠景である。撮影時は日差しが強く、白いサンシェードを張り出していた。

写真5-46は住棟の北東方向からの写真である。

写真5-47は、挿絵を提供してくださったハンヌ・サルバンネ氏の住宅の内部である。東側の住宅で、手前にリビングルームとなっている居室、その奥にサンルームが写っている。サルバンネ氏によると、夏季の平均的な室温は摂氏二七から二八度、冬季は二〇度前後だが、それより低いこともあるそうだ。

写真5-45　ニチレイニキ住区遠景

写真5-46　ニチレイニキ住棟北東面

写真5-47　ニチレイニキ住棟内部

## ◇ベルソクヤ庭路ブロック

ベルソクヤ庭路の西側にはベルソクヤ3、東側にはケバカツの住区が配置され、緑道の南側にはセルフビルドの住区が六区画ある。

この地区の東端の住棟はすべて二階建てである。この区域の東側にはヴィーキンオーヤ水路が接し、さらにその先は広大なスポーツ公園やヘルシンキ大学の実験農場などのオープンな空間が広がるので、それらとの連続性が考慮されたためであろう。

### ▼ベルソクヤ3

（事業者：エテラ・スオメンＹＨ建設　設計：キンモ・クイスマネン）

ベルソクヤ３（三一戸）は居住権住宅の住区で、四階建ての中層住宅一棟とテラスハウス二棟が南北方向に三列に並んでいる。住棟には、空間の多目的利用と、住戸プランの選択肢を広げるために、軽量で可動な間仕切り壁が採用された。

暖房には「太陽熱による地域暖房システム」を利用している。住居は加圧式換気装置を持ち、吸気口から外気が供給される。

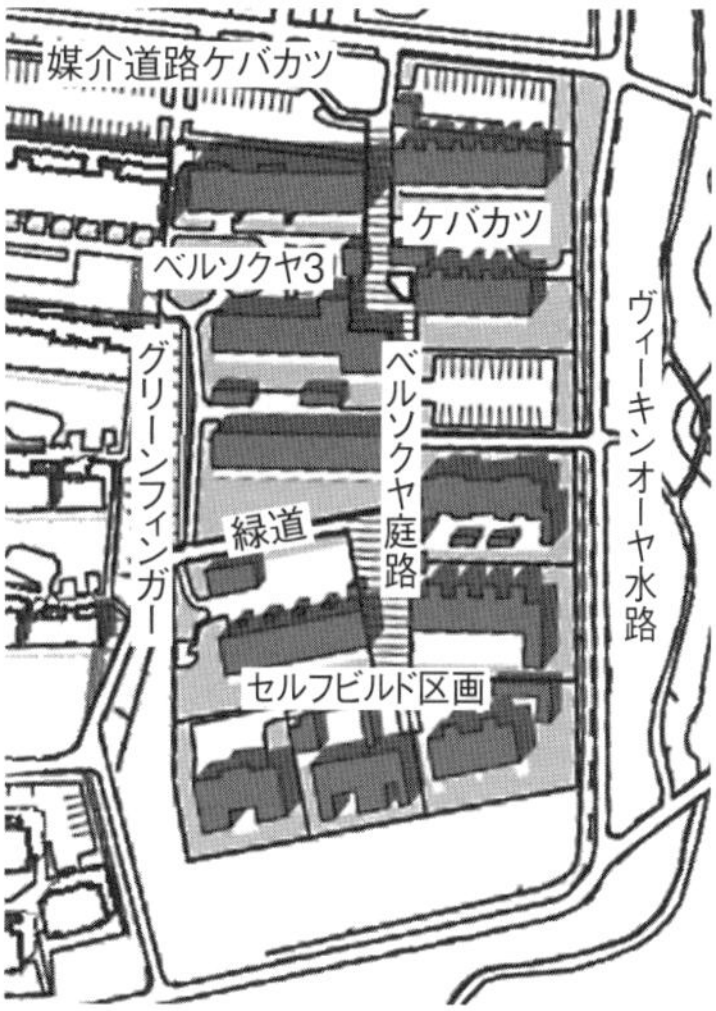


図5-17　ベルソクヤ庭路ブロック

写真5-48から5-50はベルソクヤ3住区の住棟である。

写真5-48は庭路に接する北から二列目の住棟の北面で、ここでは庭路に接する端部も二階建てに抑えている。

写真5-49は住戸の玄関まわりで、多くの自転車が置かれている。

写真5-50は南面で、サンルームと専用庭である。

写真5-48　ベルソクヤ３北面

写真5-49　ベルソクヤ３玄関周辺

写真5-50　ベルソクヤ３南面

▼ケバカツ（事業者：エテラ・スオメンＹＨ建設　設計：キンモ・クイスマネン）

ケバカツ（一二戸）は南地区の東端にある住区で、二棟のテラスハウスがある。この区域は東や北方向からの強風を受けやすい。建物は寒冷地の仕様と防風のよろい窓によって北風から守られている。防風対策を施したレクリエーションのスペースが建物の南側に作られた。

エコロジー的な内容はベルソクヤ３の住区の住棟と同じであるが、換気は吸気口を通して外気を供給する機械式給排気装置である。

写真５-51は住棟の北面で、玄関周りは木製の壁で囲われ、さらに高木が並んでいる。写真５-52は住棟の南面であるが、専用庭も手すりで囲われているのは、この庭路の反対側の住棟（写真５-50）と大きく異なる。

写真5-51　ケバカツ北面

写真5-52　ケバカツ南面

▼セルフビルド区画

セルフビルドとは住宅を自作することで、フィンランドでは伝統的に行われてきた。集合住宅のセルフビルドは通常、四から五家族が一つのグループを作り、自らがデベロッパーとなって、設計者と建設業者を雇用する。コーポラティブの方式に近い。

用意された六区画に対して一六組の応募があり、審査によって六組が選ばれた。セルフビルドの区画の北寄りの三棟は四～五戸のやや住戸数の多い住棟、南寄りには二～三戸の住戸数の少ない住棟が建っている。

◇アーンライタ（設計：ミカ・パイバリン）

住戸数は五戸、床面積は六六〇平方メートルで、間取りはすべて4K＋サンルーム（写真5-53）。「五家族のための省エネルギー住宅」をテーマとして設計された。共同利用スペースとして、サウナとクラブルームおよびスタディルームを備えている。各住戸のサウナとは別に、薪を使う共同サウナを設けている。

一階と二階の間の床には木材とコンクリートを用いているが、他は木造である。間取りのフレキシビリティは高く、入居する家族の要望を取り入れ、それぞれ異なる平面計画としている。部屋の暖房は、温水を用いたラジエーター方式を採用している。

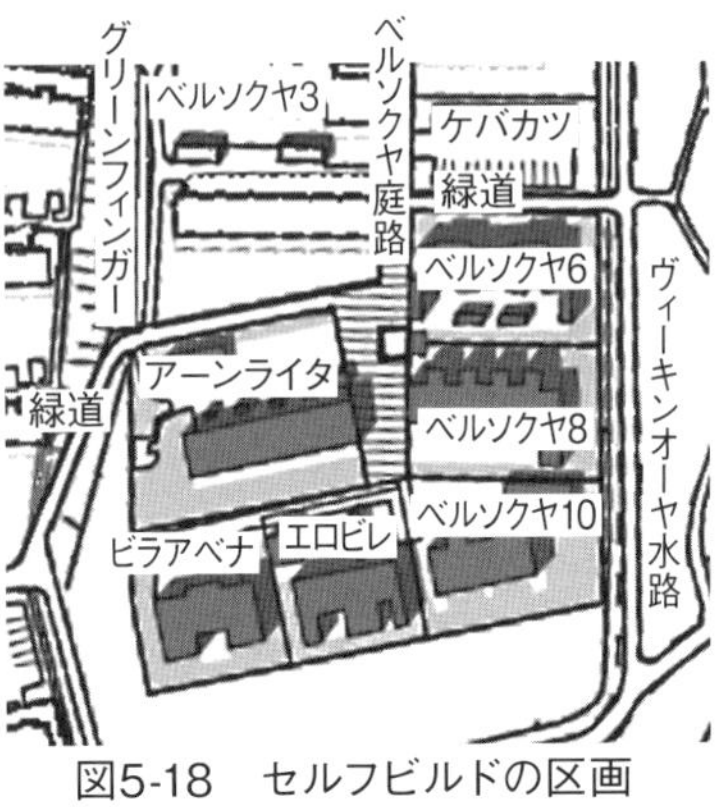

図5-18　セルフビルドの区画

写真5-53　アーンライタ

写真5-54　ベルソクヤ6

写真5-55　マーケッラリ（地中貯蔵庫）

◇ベルソクヤ6（設計：Ｍｏｄ設計事務所）

住戸数は四戸、床面積は六一三平方メートルの木造住宅である。この住宅の設計テーマは「ヴィーッキのエコロジカルなタウンハウス」。間取りはやはり4Ｋ＋サンルームで、庭先に設けた二棟の小屋の屋根には草を植えている（写真5-54）。また、フィンランドの伝統的なマーケッラリ（地中貯蔵庫）も設けた（写真5-55）。

◇ビラアベナ（設計：イーロ・ユッコラ）

住戸数は二戸で、床面積四九四平方メートル。エコヴィーッキの中で、一戸当たりの床面積が最大の住棟である（写真5-56）。また、唯一の地下室および室内プールを備えた住棟でもある。「可変性の高いエコハウス」が設計テーマであった。

間取りは5Ｋ＋地下室で、共同利用スペースは、サウナ、スイミングプールとサンルームである。スイミングプールは中央の張り出したサンルームの奥にある。暖房には地中熱を利用している。エネルギー消費量は、空間が広いこと、木材のフレームの断熱性能が高くないことから、多く見込まれている。

写真5-56　ビラアベナ

写真5-57　ベルソクヤ8西面

◇ベルソクヤ8（設計：ミッコ・マリアーアホ）

住戸数は四戸、床面積は六六〇平方メートルで、間取りは4Kである。設計テーマは「ペレットストーブによる省エネルギー住宅」。断熱材を厚くし、気密性を高め、熱交換器による熱回収を行い、パッシブな太陽熱の有効利用を図った。土壌の湿気の対策として、基礎の上に住宅を浮かせて、通気を行き届かせている（写真5-57）。また、温水による床暖房はペレットストーブを熱源としている。

◇エロビレ（設計：リバディ建築事務所）

住戸数は三戸、床面積は五二一・五平方メートルである。最大の特徴はホームオフィスとして設計された点である。間取りは5Kと二戸の1LKで、共同利用スペースとしてサウナを別棟に設けている。

この建物もエネルギー消費量は非常に高いと予測されており、大きな建物ボリュームだけでなく、風が強い場所であることも要因に挙げている。

写真5-58は南面を撮影したものである。

写真5-58　エロビレ

◇ベルソクヤ10（設計：ユハ－ペッカ・リウッタマキ）

住戸数は三戸で、床面積は五八九平方メートル、間取りは4K、LK、2Kと三タイプがある。設計テーマは「ナチュラルな省エネルギー住宅」で、伝統的な天然の材料を用いている。外壁の断熱材には藁を用いており、この方式の家はストローベイル（藁俵）ハウスとも呼ばれている。藁をブロックのように束ねて積み、耐火のために土を塗る。土が塗られるまでは火気厳禁で施工する。外壁の厚さは約六〇センチに及ぶ。外壁のU値は〇・一四で、エコ・ヴィーッキの他の住宅の約二分の一であった。

他の部分の断熱材には藁、木のチップ、おがくずと泥炭が用いられた。

倉庫と洗濯室を共用としている。暖房は地域暖房のほかに、住戸に蓄熱型の暖炉が装備された。

住宅の換気は自然換気で、熱交換器は用いずとも少ないエネルギー消費が達成されると予測された。

写真5-59　ベルソクヤ10

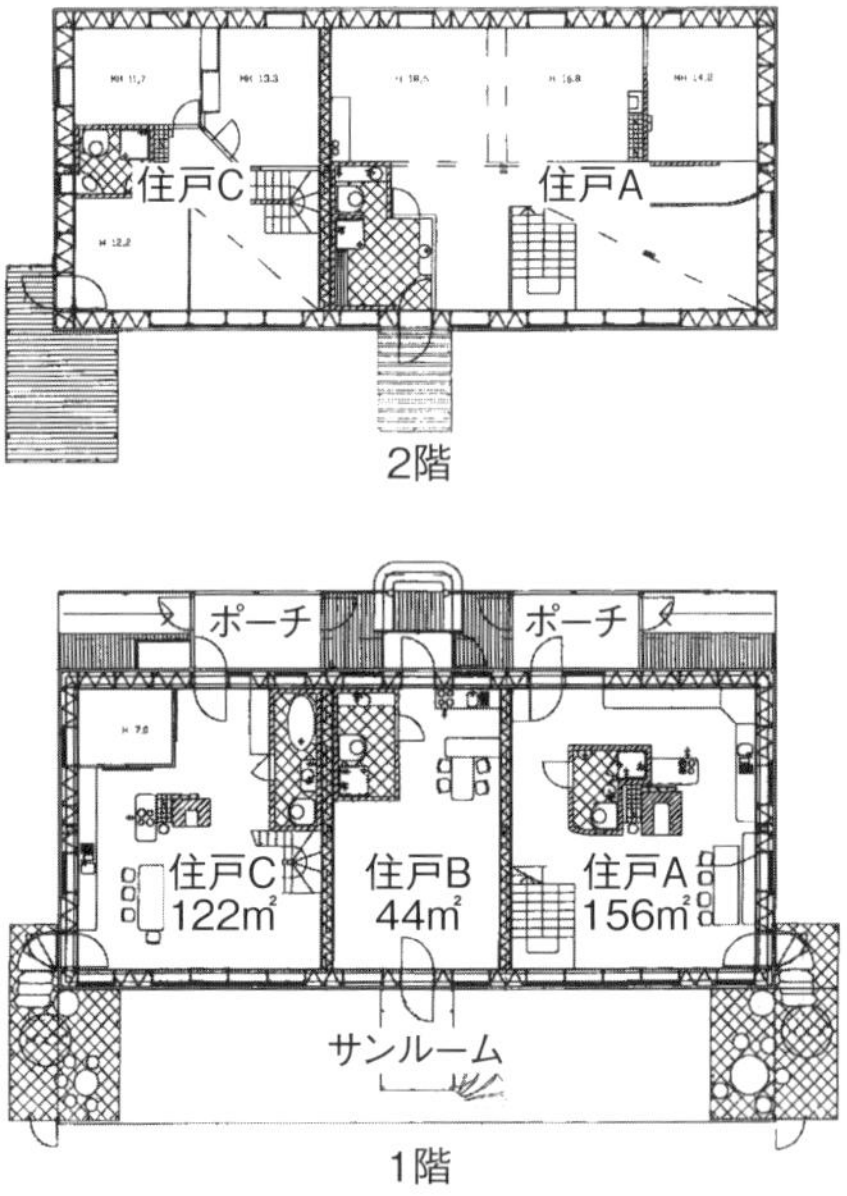

図5-19　ベルソクヤ10平面図

## 5 周辺の施設

エコ・ヴィーッキの計画区域の東側にはヴィーキンオーヤ水路、スポーツ公園、園芸センターなど、北側にはヴィッカーリ児童公園がヘルシンキ市によって整備された。これらの施設は、エコ・ヴィーッキの住民だけでなく、ラトカルタノ副地区の住民を対象としたものであるが、エコ・ヴィーッキに住む人々の暮らしを大変に豊かなものにしている。

### ▼ヴィーキンオーヤ水路

エコ・ヴィーッキの開発前の水路は、計画区域の中心部を南北に直線的に流れる実験農場の用水路であったが、住宅地の東側の公園地帯に自然の水路のように整備された。流れは蛇行させ、水溜りや池や水量の多い時に作られる台地などからできている。

水路と植生の設計では、水の流速を遅くすることと、水が自然保護区域と海湾に達する前に水質を改善することが考慮された。フィンランドの湿地植物のいろいろな種類が、流れの周辺に植えられた。

ヘルシンキ市公共事業局は、モニタリングプロジェクトで、水路周辺に植えられた植物の成長状態や、昆虫の数を調査した。水路の流量は毎秒五リットルから五〇〇リットルの間を変化すると測定された。真夏にはほとんど完全に乾燥し、激しい雷雨があると流水は溢れる。二年が経過した時点で、植物は青々と豊かになり、鳥や小動物と昆虫に棲みやすい環境を提供している。

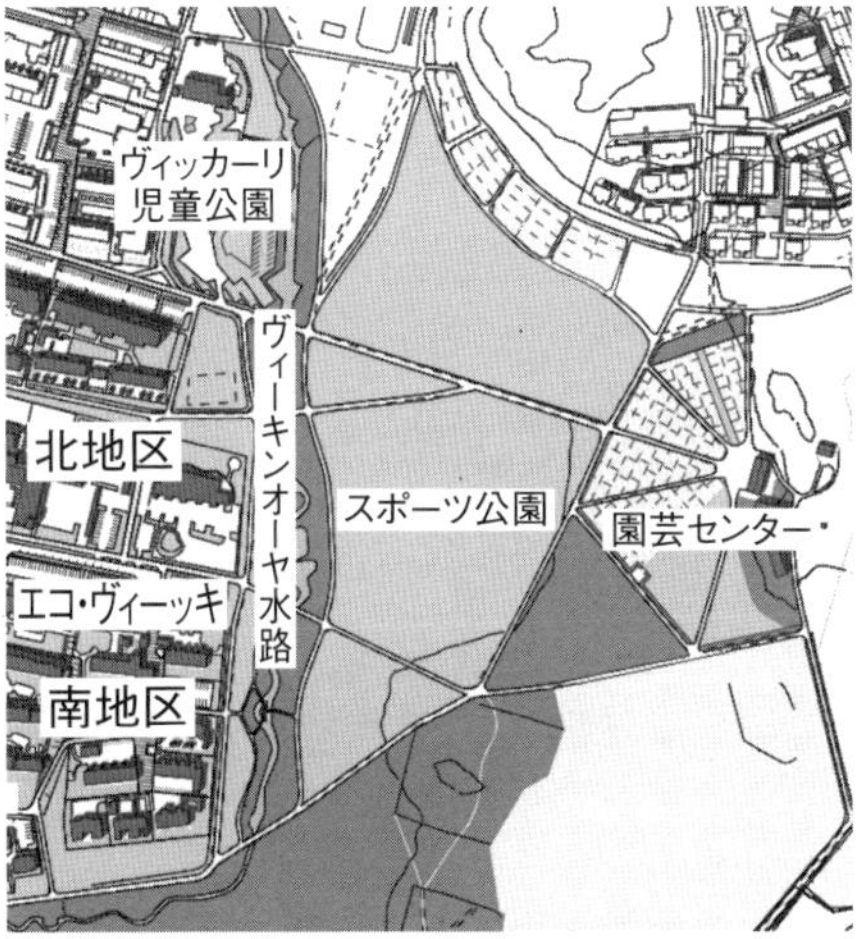

図5-20　エコ・ヴィーッキの東側周辺部

写真5-60のようにあまり深くない、ゆるやかな流れである。水路の両脇は幅広くとられており、脇の緑道を歩くことが心地よい。写真5-61は建築家ユハニ・パルスマア氏の設計による歩行者および自転車用の木製の橋である。

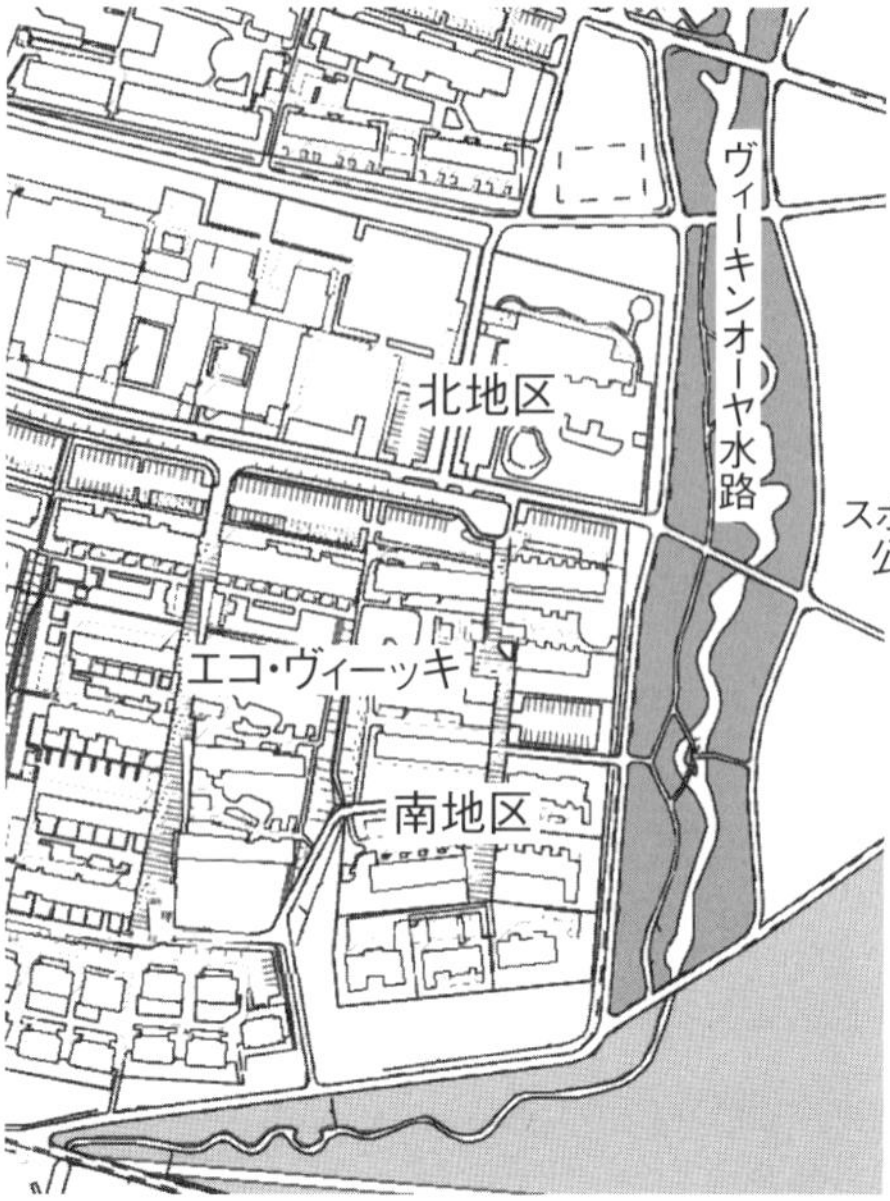


図5-21　ヴィーキンオーヤ水路

写真5-61　木橋近景

写真5-60　ヴィーキンオーヤ水路

水路の近くで、幼児と一緒の若い父親を見つけたので、話をしてみた。

**Q　エコ・ヴィーッキにどれくらい住んでいるのですか？**

A　5年。

**Q　すると、完成後すぐに引っ越してこられたのですね。ここでの生活はいかがですか？**

A　ナイスだよ。

**Q　あのお子さんはこちらに来られてから生まれたのですか？**

A　はい。

**Q　失礼ですが、お子さんは何人？**

A　二人。

**Q　フィンランドでは、それは標準的ですか？**

A　そうだね。

**Q　あなたの奥さんは、エコ・ヴィーッキについて、どう思われているでしょうか？**

A　彼女も気に入っているみたいだね。

**Q　何か問題点はありますか？**

A　(肩をすぼめる)何も無いよ。

**Q　あなたはどこで働いているのですか？**

A　ヘルシンキ市の中心部。

**Q　バスは混雑するそうですが？**

A　それほどでもないね。

**Q　通勤時間はどれくらいかかりますか？**

A　だいたい四〇分くらいだね。

**Q　じゃあ、八時頃出発するのですか？**

A　だいたい七時半くらいだね。

**どうもありがとう。**

写真5-62　父親と幼児

## ▼ヴィーッキ園芸センター

ヴィーッキ園芸センターは、ヴィーキンオーヤ水路の東側に広がるヴィーッキ公園の中央部に、雑木林に隣接して設けられている。住民は五〇〇～一〇〇〇平方メートルの耕作地を賃借することができる。その面積は日本国内の市民農園に比べると桁違いに広いが、ドイツで普及しているクラインガルテン（利用者は五〇万人以上）は、平均面積が約三〇〇平方メートルだそうだ。北ヨーロッパは農作業を行う都市居住者が少なくない。

写真5-63は園芸センターの中心部である。小屋の中は作業スペースになっている。農作業中の男性（写真5-64）に聞くと、栽培しているのは、じゃがいもと玉ねぎだそうだ。写真5-65は、付近の道を園芸用具を運んでいる親子である。ここでは、家族が連れ立って耕作に取り組む光景が数多く見られる。

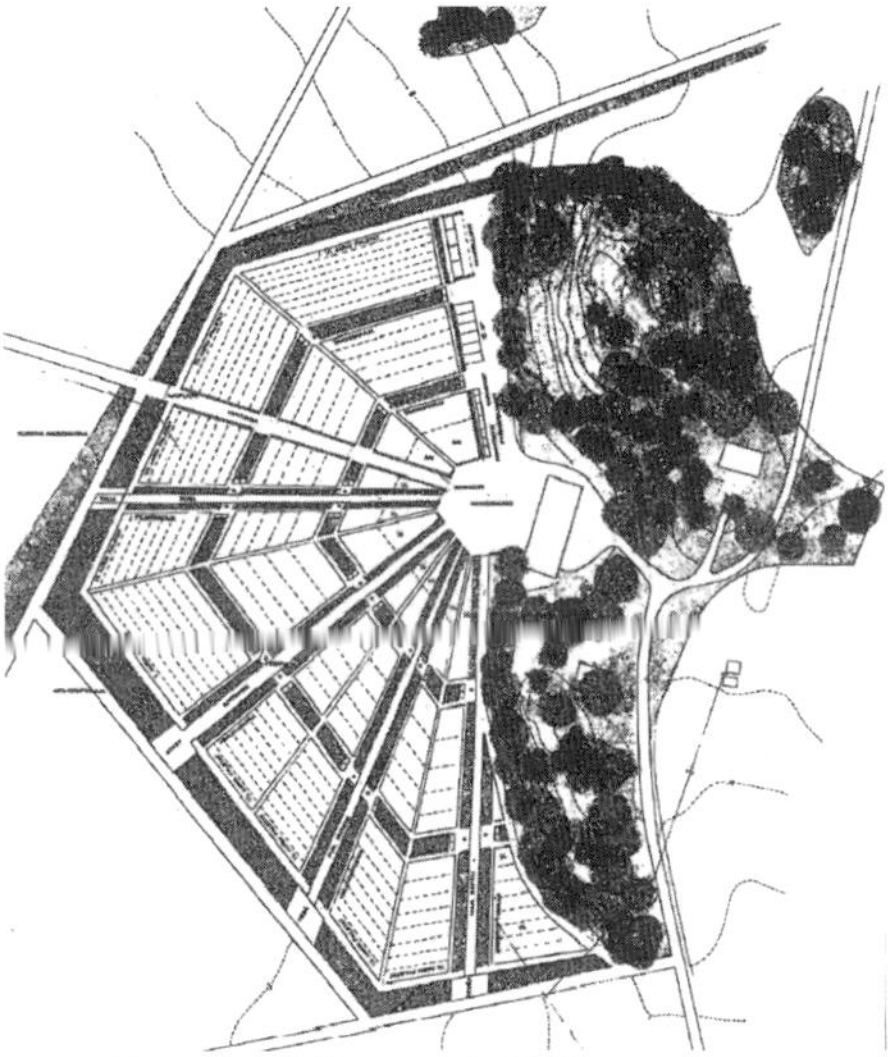

図5-22　ヴィーッキ園芸センター

写真5-63　園芸センターの中心部

写真5-65　園芸用具を運ぶ親子

写真5-64　農作業中の男性

### ▼ヴィッカーリ児童公園

ヴィッカーリ児童公園は、エコ・ヴィーッキの北東に隣接している公園で、児童の教育や交流を育むことや、エコロジー的な考え方を育てることを目的として作られた。

一九九九年に招待コンペが実施され、優勝作品は「キエロトクウル（車輪上の学校）」（設計：モリノ設計事務所）であった。提案の特色は、すべてを一度に完成させてしまうのではなく、一部だけを予備的に作り、残りは将来のユーザーの参加によって少しずつ作るというものであった。

公園の一角に集会室やキッチンのある三四九平方メートルの建屋があり、エコロジーを配慮したゲームや工芸、自然観察などの行事を行っている。また、その中でコーヒーなどが飲め、子供たちの誕生会などに部屋を使うことができる。

筆者は土曜日の午前中に訪問したのだが、子供たち同士、あるいは父親とその息子がゴムボールでホッケーをする姿や、少女たちがすべり台で遊んでいる姿が目に入った。

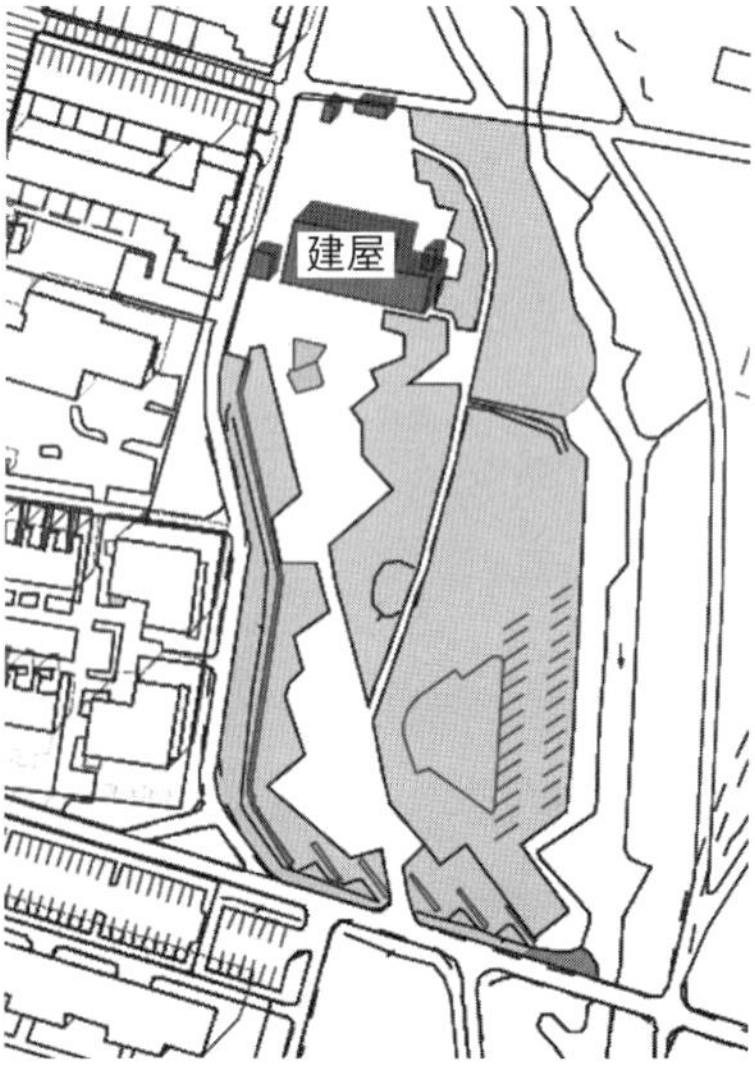


図5-23　ヴィッカーリ児童公園

ベビーカーに乳児を乗せた母親がベンチに腰かけていたので話しかけてみた。

**Q　あなたはエコ・ヴィーッキに住んでいるのですか?**

A　はい。

**Q　いつから?**

A　二年くらい前からかしら。

**Q　すると、エコ・ヴィーッキが完成した直後ではありませんね。ここでの暮らしはいかがですか?**

A　いいわよ。

**Q　何か問題はありますか?**

A　ありません。

写真5-66　遊具

写真5-67　ホッケーに興じる子と父親

写真5-68　すべり台

**Q　お子さんはここに引っ越してから生まれたのですか？**

A　ええ。

**Q　失礼ですが、お子さんは何人？**

A　二人です。長男は、ほら、あそこでホッケーをしてるでしょ。

**Q　どの子ですか？**

A　赤いスティックを持っている子。

**Q　元気ですね。彼が一番エコ・ヴィーッキをエンジョイしてるかもしれませんね。**

A　まったく。

（インタビュー二〇一一年五月二八日）

**▼花崗岩の遮音壁**

一九九八年におよそ長さ一七〇メートルの花崗岩で作られた遮音壁が、計画区域外のシモ・クレメチンポヤン近隣公園に、近くを通るラーデンバイラ高速道路の騒音から守るために立てられた。

この遮音壁の設計のために、ヘルシンキ工科大学とヘルシンキ芸術デザイン大学の学生たちが参加できるコンペが実施され、審査項目には材料のリサイクルが含まれていた。当初の計画では、一立方メートルの花崗岩の塊を近くの道路工事から獲得する予定であったが、岩の品質があまりにも低いために取りやめられ、他の採石場からの岩石が用いられた。

地元で採掘される材料を使う「地産地消」は、輸送量を低減し、運搬のための化石燃料の消費を削減する効果がある。

写真5-69　ベビーカーと母親

写真5-70　花崗岩の遮音壁

## 6 サイエンスパーク

ヘルシンキ大学のヴィーッキキャンパスは、同学の四つのキャンパスの一つで、フィンランドで最大の生物科学の拠点である。一九六〇年代に農業科学の研究施設が設けられ、一九九〇年代初期からその周辺にサイエンスパークとして、大学の施設、研究所、実験施設や業務施設が整備されてきた。現在、このサイエンスパークの西端に商業地区、業務施設と住宅が築かれている。

フィンランド政府、ヘルシンキ市、ヘルシンキ大学および産業界からの出資によって創設された「ヘルシンキ・ビジネス・サイエンスパーク会社」が、このサイエンスパークの建設を担っている。

### ▼ヘルシンキ大学関連施設

一九九九年に完成したコロナ情報センター（写真5-71）はヴィーッキキャンパスの中心的な建物で、大学の科学図書館、講義室や会議施設、管理やサービス施設、およびヘルシンキ市のヴィーッキ図書館などを収容している。

外装は外側がガラスのダブルスキン（二重壁）で、円形の形状は表面積を最小化させるために採用された。二重壁は、冬季に熱損失を、夏季に冷房の必要性を減少させる。ガラスとその後ろの壁との間の空間は、

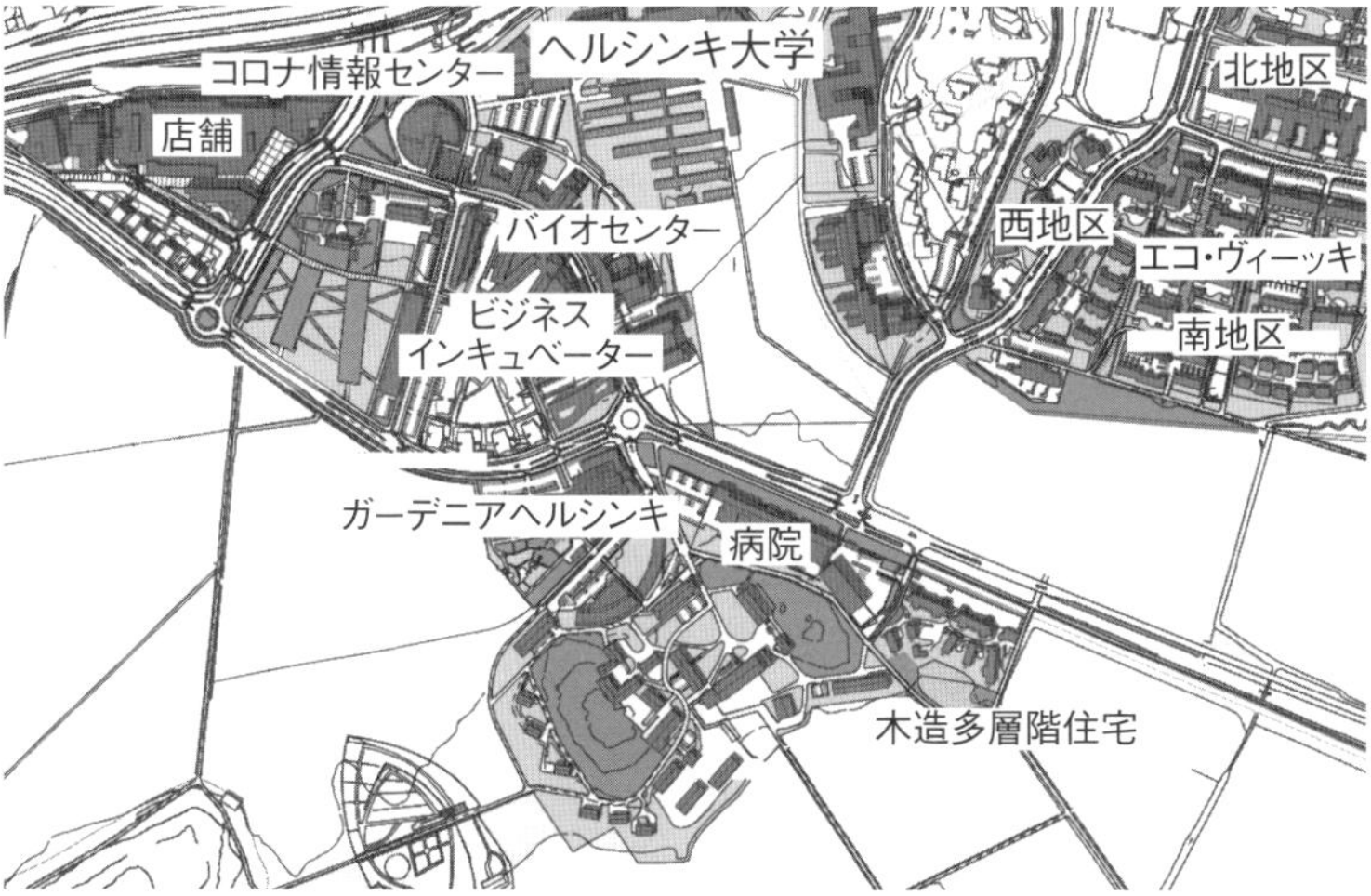


図5-24　サイエンスパーク

冬季には新鮮な空気を暖め、夏季には冷却する効果がある。季節により、新鮮な空気を建物の異なった側面から取り入れている。

建物の暖房エネルギーの消費量は標準的な大学の建物のおよそ半分ぐらいと予測され、建設業者は最初の五年間、建物の維持管理に関して責任を負うという、空調設備技術に関して開発された契約方式を採用した。この建物は二〇〇〇年にヘルシンキローズ建築賞、二〇〇二年に設計者のアークハウス設計事務所がフィンランド政府の建築部門の賞を受賞した。写真5-72は、その建物の前のバス停留所の近くに置かれたオブジェ（ヴィル・ヤーニス作「なんでも可能である」）である。

写真5-73はコロナ情報センターの隣にあるバイオセンターである。生物科学部、薬学部やバイオテクノロジー研究所などを収容している。金属の外付けルーバーを持つ建物が三棟並んでいる。これらは一九九五年から二〇〇二年にかけて建設された。

写真5-71　コロナ情報センター

写真5-72　オブジェ

写真5-73　バイオセンター

### ▼ガーデニアヘルシンキ

ガーデニアヘルシンキは、環境についての情報を提供し、住宅の環境の質を向上させることを目的に、ヘルシンキ市とヘルシンキ大学が共同所有している。建物は一九九七年に設計コンペで優勝したアルト・パル・ロッシ・チッカ設計事務所の案に基づいて建てられた。本館と二つの商業施設があり、二〇〇一年に完成した。

本館はガラス張りの温室のような建物で、入口寄りのスペースはホールとなっていて、緑環境の情報センター、ネイチャースクールとカフェとテラスがある。奥は熱帯温室となっている。

商業施設の一階には造園関係の会社のオフィスがあり、二階にも事務所スペースがある。屋外にはモデル住宅庭園、家庭菜園、日本庭園などがある。

写真5-74は本館で、写真5-75は各種の樹木の比較展示、写真5-76は巣箱の展示である。かなり大型の巣箱もあるということは、それを使う野鳥が棲息しているのであろう。

写真5-74　ガーデニアヘルシンキ本館

写真5-75　樹木の展示

写真5-76　巣箱の展示

## ▼ヴィーッキ木造多層階住宅プロジェクト

ヴィーッキ木造多層階住宅プロジェクトは、フィンランド技術庁が木造建築の技術開発プログラムの一部として一九九四年に始めたもので、一九九五年に家の設計、製品開発と実施のための設計コンペが行われた。

建設会社、建築家と木材関連の企業の共同作業が行われ、四三の応募案が提出された。優勝案はマウリ・マキマーツネン設計事務所とS・ホータナイネン建設会社の提案で、ヘルシンキ大学の教育と実験農場の東端の用水池のほとりに、二階建てから四階建ての六五戸の賃貸住宅が建設された。

建物の構造形式は、荷重を支える壁と木材のフレームに基づいている。外壁はねじで取り付けられ、維持管理や取り換えのために必要があれば外せる木製のカセットのように部品化された部材で覆われている。建物内のすべての住戸と階段にはスプリンクラーが取り付けられており、各住戸の火災警報器はメインの通信回路に繋げられている。

この住宅プロジェクトはフィンランドにおける新しい木造多層階住宅建築の基礎となり、その経験はエコ・ヴィーッキで多数建設された木造住宅に活かされた。

現在は、大学職員向けの賃貸住宅として使われている。

写真5-77　ヴィーッキ木造多層階住宅全景

写真5-78　ヴィーッキ木造多層階住宅

## 7 太陽エネルギー利用技術

エコ・コミュニティプロジェクトが生まれた一九九三年頃は、ＥＵでも環境問題に対する議論と助成プログラムが盛んになった時期であり、太陽エネルギー利用はエコ・ヴィーッキでの省エネルギーの手段として中心的なテーマとなった。

ヘルシンキ市は太陽エネルギー利用技術を導入するために、環境省とフィンランド技術庁の協力のもとに、ＥＵから三つの助成プログラムの資金的援助を受けた。新しいエネルギー利用を支援するＴＨＥＲＭＩＥプロジェクト、太陽エネルギーの利用と断熱性能の向上などを目的としたＳＵＮＨプロジェクト、太陽光発電技術を促進するためのＰＶ-Ｎｏｒｄプロジェクトである。

表5-4　EUの助成を受けた太陽エネルギー利用技術

| 名　称 | 概　　要 | | |
|---|---|---|---|
| THERMIE | 太陽熱による地域暖房 | 30棟 | 368戸 |
| SUNH | 同上および建築性能向上 | 3棟 | 44戸 |
| PV-Nord | 太陽光発電 | 1棟 | 39戸 |

ＴＨＥＲＭＩＥプロジェクトの支援を受けた「太陽熱による地域暖房プロジェクト」は、既存の地域暖房を補助熱源とするシステムが構築された。二〇〇一年秋に完成し、八つの街区で合計三六八戸の住戸、エコ・ヴィーッキの全住戸の約四六％が参加して、それまでのフィンランドで、そしてヨーロッパ主要一〇か国の中で実現した最大規模のシステムとなった。

このシステムの太陽熱集熱器のモジュールは、二つのユニットが一〇平方メートルとなっている。集熱器の傾斜角は二〇～六〇度で、方位角は南である。建物の屋根と一体化されたものと、屋根の上に取り付けられたものがある。ソーラーコレク

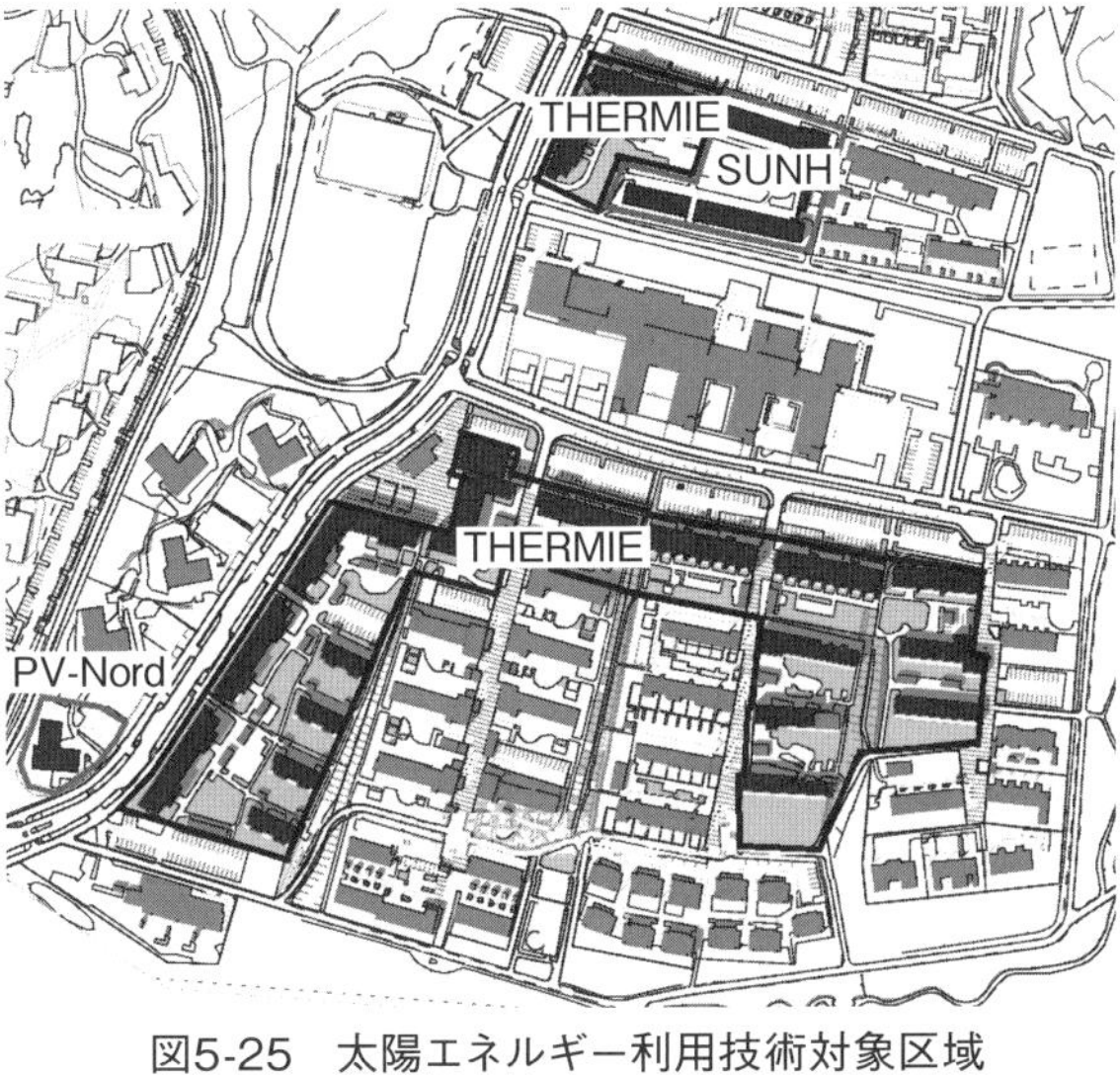

図5-25　太陽エネルギー利用技術対象区域

ター（集熱器）はオーストリア製であった。

システムの概要を図5-26に示す。基本的な構成は、いくつかの住棟で床暖房にも用いられている点を除き、同じである。実現したソーラーシステムのコストは総建築費の約〇・五％であった。

SUNH（太陽エネルギー新住宅プロジェクト）は、太陽熱利用のみならず、他の省エネルギー技術や木質構造による省エネルギー建築を促進するプロジェクトである。このプロジェクトはヘルシンキ市が事業者となっている北地区の住区で実施された。住区には四階建てのアパート一棟とテラスハウス二棟が建てられ、合計四四戸の住居がある。集熱器の面積は一五七平方メートル、貯湯タンクの容量は一八立方メートルで、二〇〇一年夏に完成した。

さらに、PV-Nordプロジェクトの一環として、太陽光発電がエコ・ヴィーッキで最も階数の多いサルビアで導入され、二〇〇三年春に完成した。フィンランドでは太陽電池を取り入れた最初の高層住宅となった。太陽電池は建物の南側と西側のバルコニーに取り付けられた。このプロジェクトはフィンランド技術庁からも資金の提供を受けている。

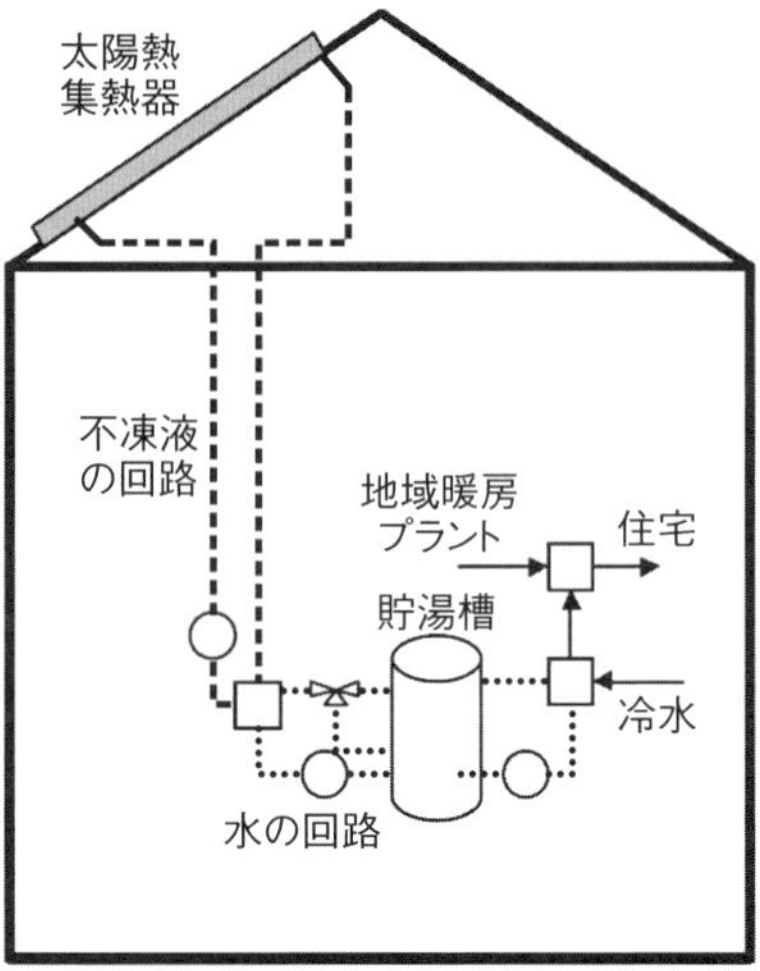


図5-26　ソーラーシステムの概要

# 第6章　モニタリング

ユキホオジロ（ハンヌ・サルバンネ画）　極北地域に棲息。初春と晩秋にヴィーッキの草原で繁殖する。

エコ・コミュニティプロジェクトの構成団体である環境省、建築家協会、技術庁とヘルシンキ市は、エコ・ヴィーッキのプロジェクトを推進するために、一九九四年に運営委員会とその下部に実行委員会を設けたが、計画段階から建設段階へと移る一九九八年に、両委員会はモニタリング調査の実施を目的としてメンバーが再構成され、環境省のマティ・ヴァティロ氏を委員長とする運営委員会と、建築家協会のツォモ・サーキア氏を主査とする実行委員会が活動を開始した。

二〇〇一年からモニタリング調査が始まり、二〇〇二年と二〇〇三年の各種データが収集された。二〇〇二年から二〇〇四年にかけてセルフビルドの区画が完成し、その区画の各種データが収集され、設計内容と調査の結果に関する報告書が二〇〇八年に作成されて、公開された。また、二〇〇二年から二〇〇三年のエネルギー消費量が多かった六住区に対して、その原因を究明するための補足調査が実施された。

それ以外にも、電力や地域暖房エネルギーを供給しているヘルシンキ市エネルギー公社や、太陽熱利用システムを担当したソルプロス社から、供給実績やシステムの稼働状況に関する報告書が作成され公開されている。さらに、大学院生による、学位論文執筆のためのエコ・ヴィーッキを対象とした調査もいくつか行われた。

## 1 居住者像

モニタリング調査の一環として、この区域の住民を対象にした調査がヘルシンキ市によって二〇〇三年八月に実施され、完成した建物や住環境、日常の行動などについて、実態や意見が訊ねられた。エコ・ヴィーッキ区域に居住していた七五三世帯にアンケート用紙が配布され、五〇八世帯から回答が得られた。回収率はおよそ七〇％で、この数値は一般的なアンケート調査に比べて高いものであり、住民の関心が高かったことを示すと調査担当者は述べている。

### ▼人口特性

エコ・ヴィーッキに住んでいるのはどんな人たちなのだろうか。図6-1はヘルシンキ市全体とエコ・ヴィーッキの一世帯の居住人数である。単身居住の住戸がヘルシンキ市では約半数（四八％）あるのに対し、エコ・ヴィーッキは三分の一（三三％）で、四人以上も一一％と二四％と、エコ・ヴィーッキに住んでいる世帯の居住人数は多い。

図6-2は年齢別の人口構成である。ヘルシンキ市の構成に比べて、エコ・ヴィーッキでは一七歳以下の人口が多く、一八〜二九歳までの人口は少ない。そして、六五歳以上の人口は極めて少ない。エコ・ヴィーッキは、幼児や児童のいる育児期の家族が多く、青年と高齢者の少ない点に特徴がある。もっとも、このような傾向は、新しく開発された住宅地では、どこにでも見られる現象である。

図6-3は、住宅を選択する際に、エコ・ヴィーッキの住宅が特にエコロジカルな面に力を入れられたことをどれだけ考慮したかを訊ねた結果である。「あまり重要でない」「まったく重要でない」と回答した人が六割を占めるが、「非常に重要」「やや重要」を合わせると四割の人がエコロジカルな住宅ということを住宅を選ぶ際に考慮していた。

図6-4は生活空間の諸側面に対する評価結果で、評価の高いものから並べられている。最上位の「公共の秩序と整頓」という項目は、日本では住宅や住環境の調査では取り上げた例はないのではなかろうか。フィンランドと日本の国情の違いだろうか。しかし、筆者の身の回りでも、自転車が商店の周りに乱雑に置かれていたり、公園や街の片隅にごみが散乱した光景に出合う頻度が増えている気がする。そして、この問題は、環境そのものではなく、そこに居る人間の考え方や行動に関する事項である。

気持ち良く時を過ごすなら、不愉快な思いをすることは避けたいという気持ちが働くものであ

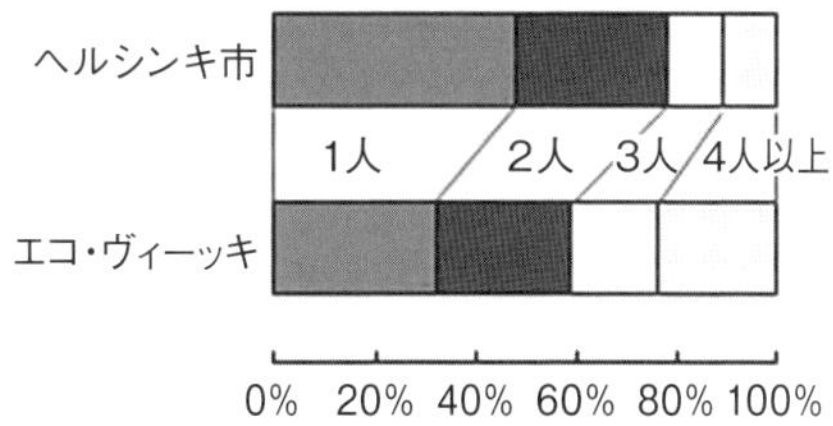

図6-1　一世帯の居住人数

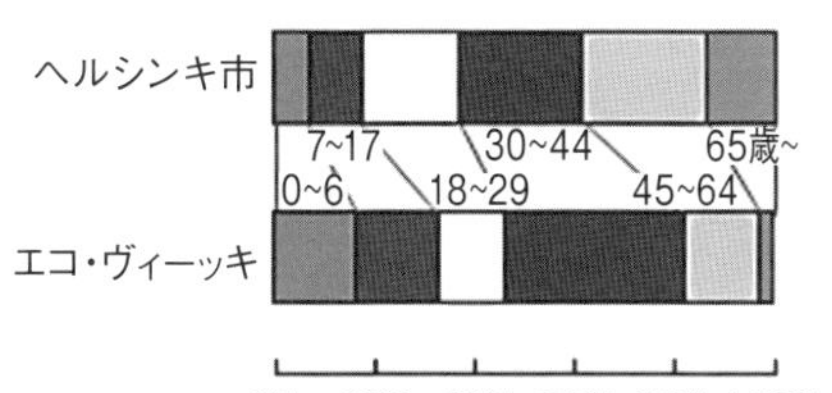

図6-2　年齢別人口構成

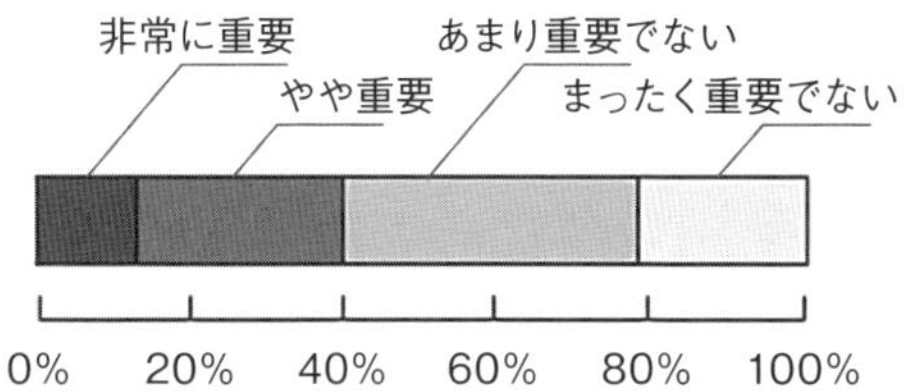

図6-3　住居選択時のエコロジカルな側面の重要度

る。レストランやホテルを選ぶ際に、どんな客が来るところかということが考慮される度合いは高くなりつつあるのではないだろうか。日本でも、やがて、このような項目が考慮されるようになるかもしれない。

「公園と緑地の質」は高い評価を得た。住宅周辺の緑やグリーンフィンガー、ヴィーキンオーヤ水路やヴィッカーリ児童公園、スポーツ公園など、まるで緑地の中に住宅をちりばめたような住宅地の姿は、高い評価を得て当然であろう。

ヘルシンキ市の中心部から八キロメートルの位置にあるヴィーッキ地区は、「自動車でのアクセス」に恵まれている。しかし、調査が実施された二〇〇三年の時点で、バス路線は一つしかなく、「公共輸送機関」に対する評価は低かった。

周辺には交通量の多い道路や繁華街が無く、住宅以外は大学の関連施設や公園という状況では、騒音源は見当たらない。また、上階に住戸の無いテラスハウスは、上階の騒音に煩わされる心配は無い。

住民にとって最大の問題点は不十分な「公共サービス」である。この区域には銀行や郵便のサービスが無い。店舗がコンビニ一軒だけでは、およそ二〇〇〇人のニーズには応えられない。バスの便が少なかった調査時点では、その不便を補うことは難しかったに違いない。

その結果、計画立案者たちは自動車が不要な環境を目指していたのだが、多くの人が自動車の購入を検討し、実際に購入した人も多い。また、必要数に応じて駐車場にも転用できるとされていた緑地は、多くが駐車場として使われた。

しかし、調査後の二〇〇七年に、ヴィーッキ地区のセンターと位置付けられているヘルシンキ大学コロナ情報センターの

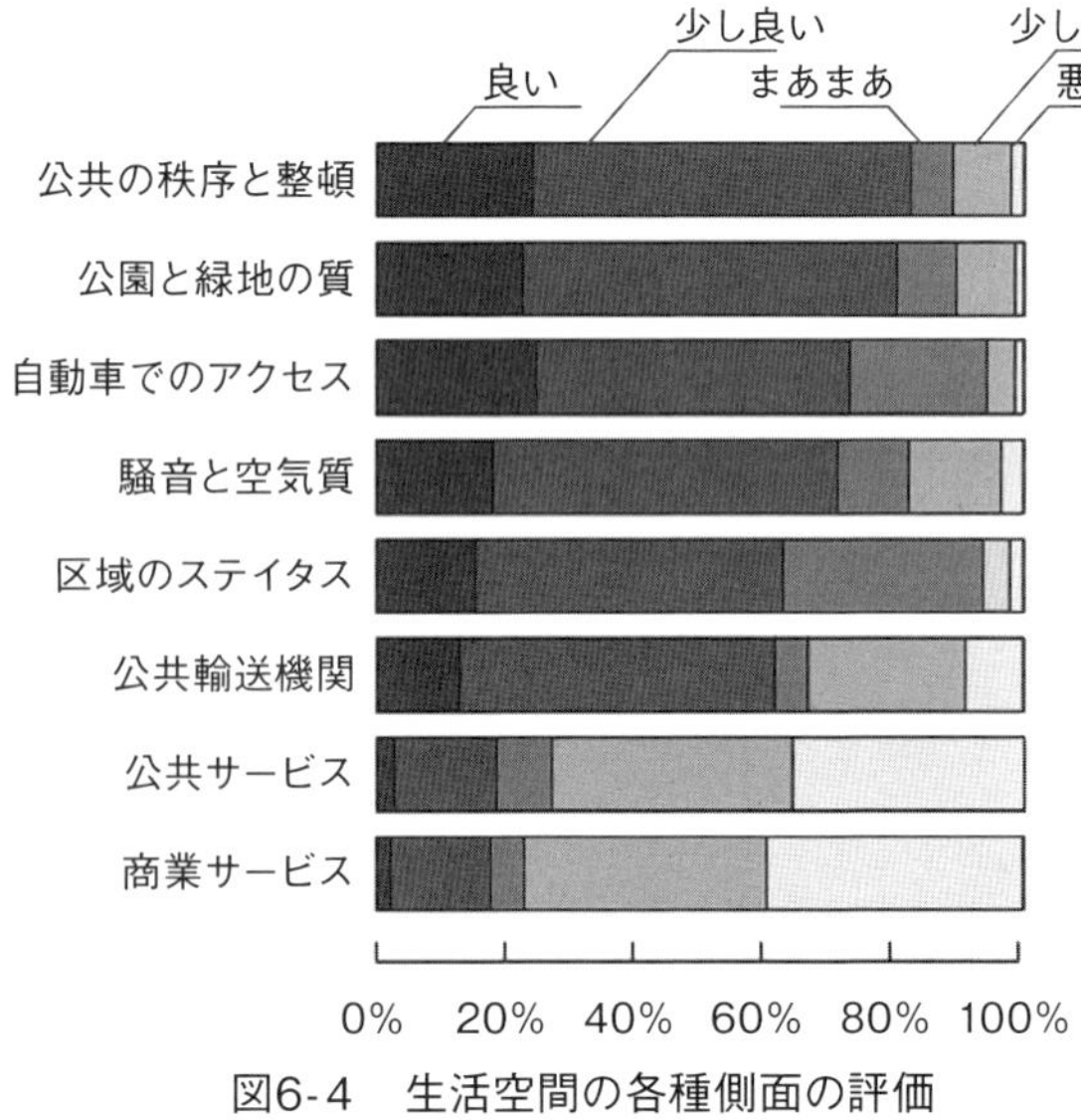


図6-4　生活空間の各種側面の評価

近くに、ショッピングセンターが完成した。今では、不評であった「商業サービス」の状況は大幅に改善されている。

図6-5は子供に関連した項目の評価結果である。託児所と学校が近くにあり、親が車で子供たちを託児所に運ぶ必要はない。学童も長時間のバス通学から解放される。この恵まれた環境で暮らすために、付近のラトカルタノ副地区から移ってきた家族もあった。エコ・ヴィーッキは、子供のいる家族には非常に好ましい場所となっている。

また、調査担当者は、自由回答から、住民たちは気さくな良い雰囲気の地域社会を作り上げていると分析している。人々は隣人の中から新しい友人を見いだし、そして共に行う活動も広がっている。落ち葉を掃いたり、雪をシャベルですくって、一緒に楽しく働くのは、フィンランドの相互扶助活動（タルコー）の伝統でもある。

共同体意識の醸成は、ヘルシンキ市の計画担当者がプロジェクトの開始直後から目標に掲げ、都市計画コンペの要綱にも明示された項目である。庭路や中庭、各住戸のテラスや庭などが、計画立案者の狙い通りの結果をもたらしている。

一方、住宅内に設置された新しい設備機器は、住民の年齢構成が比較的若いにもかかわらず、うまく使いこなしているとは言い難いようだ。機器の扱い方に戸惑っている住民も少なくなく、その操作に関してもっと多くの情報を欲している回答が約四割を占めている（図6-6）。

さて、エコ・ヴィーッキで暮らすことは、居住者のエコロジーに対する認識や行動を変えたのだろうか。エコロジーに関する理解を深め、行動を変革する住環境を作るという発想は、日本の建築や不動産の世界では聞いたことがないが、これも

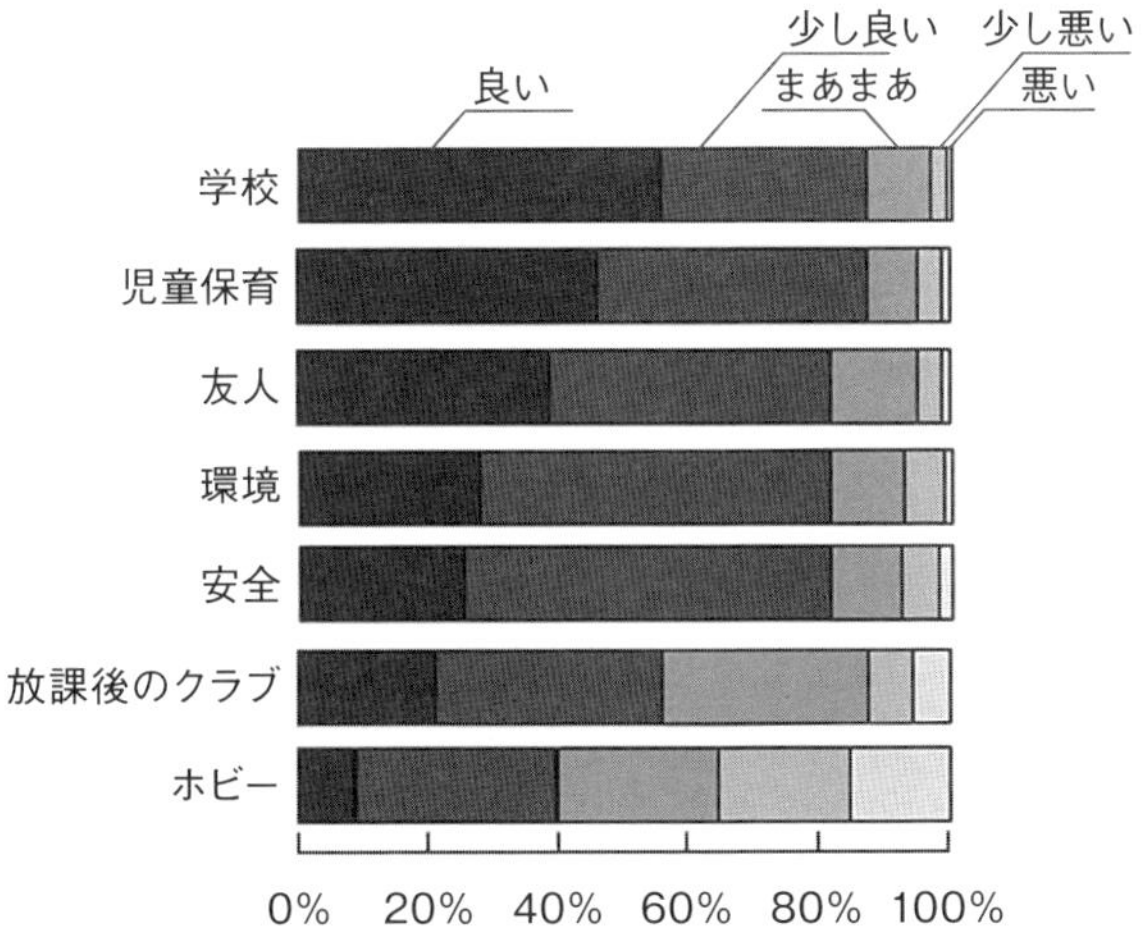

図6-5　子供に関連した項目の評価

エコ・ヴィーッキの計画立案者たちは当初から意識していた。地球環境のために、建築や不動産業界、研究者が何をすべきかという点で、他山の石としたい。

図6-7は、日常の活動への影響、図6-8はエコロジーに対する理解の程度に関する集計結果である。多くの住民が、エネルギーと水の消費にずっと多くの注意を払うようになり、リサイクルは日常化していると述べ、エコ・ヴィーッキに引っ越す前よりも今のほうが、より高い自然への評価と高い環境問題への認識を持っていると回答した。他方、この区域に移動する前から環境問題に高い認識を持っていた若干の住民の中には、新しい環境に少し失望したと言う人もいる。例えば、ガラスと金属のリサイクルを実施して欲しいという要望があった。

ヘルシンキ市の刊行物に調査担当者がこの調査の概要を報告した記事のタイトルは、「住民は概ね喜んでいる。しかし公共サービスは不十分」と付けられていた。欠陥や改良すべき箇所はあるが、全体としてみれば良い結果をもたらしていると総括したようだ。

その報告書を執筆したミラ・カヤンティーさんにメールで、「公共の秩序と整頓」という項目が使われた理由を訊ねた。「フィンランドでは、青少年のポイ捨ての問題が増大していて、それは生活環境の魅力を減少させている。計画区域に引っ越した家族の多くは小さな子供を抱えていて、子供たちがティーンエイジャーになる頃に、それに悩まされることを避けようとしていたのではないだろうか。そういう事象を取り上げるために設問項目に含めたのです」と彼女は返答してきた。

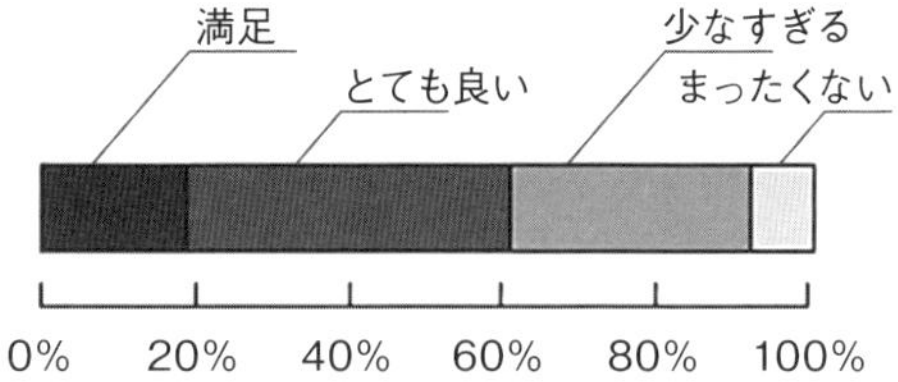

図6-6　機器操作の情報

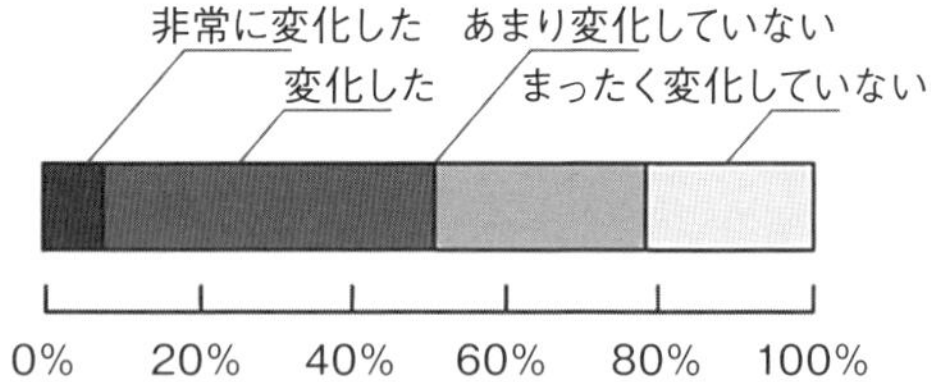

図6-7　日常のエコロジカルな行動

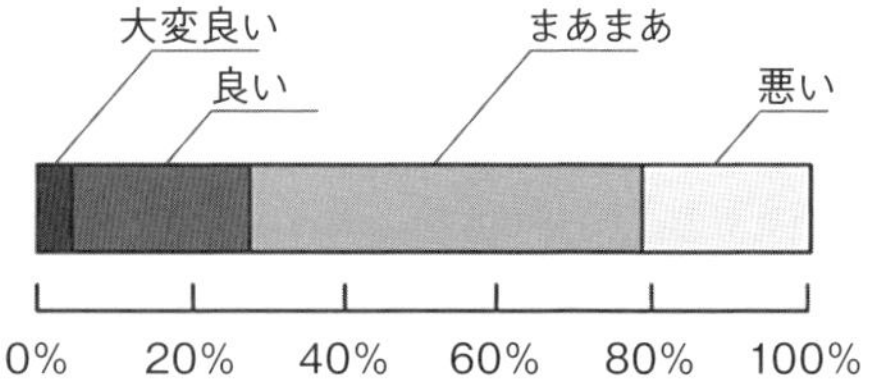

図6-8　エコロジカルな知識への自己評価

## 2 モニタリング調査結果

二〇〇一年に開始されたモニタリング調査は、全二三の住区のうち、すでに入居者がいる一七の住区が参加した（表6-1）。全戸数は八〇三戸であったので、約七八％の住戸が対象となった。

二〇〇二年と二〇〇三年の各種のデータは、住区の管理会社から集められた。地域暖房のエネルギー消費量と、電気と水道の使用量のデータは、これらのサービスを提供しているヘルシンキ市エネルギー公社のデータで補完された。建物に関する情報は設計図書などから集められた。また、事業者、設計者、住宅管理者へのインタビューも行われた。

エコ・クライテリアの項目の順に沿って、結果を紹介する。

### ▼汚染

【二酸化炭素】

エコ・クライテリアでは、二酸化炭素排出量は、すべての気体排出物の量を代表する指標（代表値）として扱われている。また、最低限の要求レベルとして建物に定められた二酸化炭素排出量の最大値は、使用期間五〇年間で延べ床面積一平方メートル当たり三二〇〇キログラムで、一年間では六四キログラムに相当する。その値は従来の建物に比べて一〇％以上少ない。

各住宅の二酸化炭素排出量を直接測ることはできないので、モニタリング調査では、地域暖房から供給された熱エネルギー消費量と、電力消費量から推定された。比較的排出量の少ない建築材料の生産や施工時の消費量

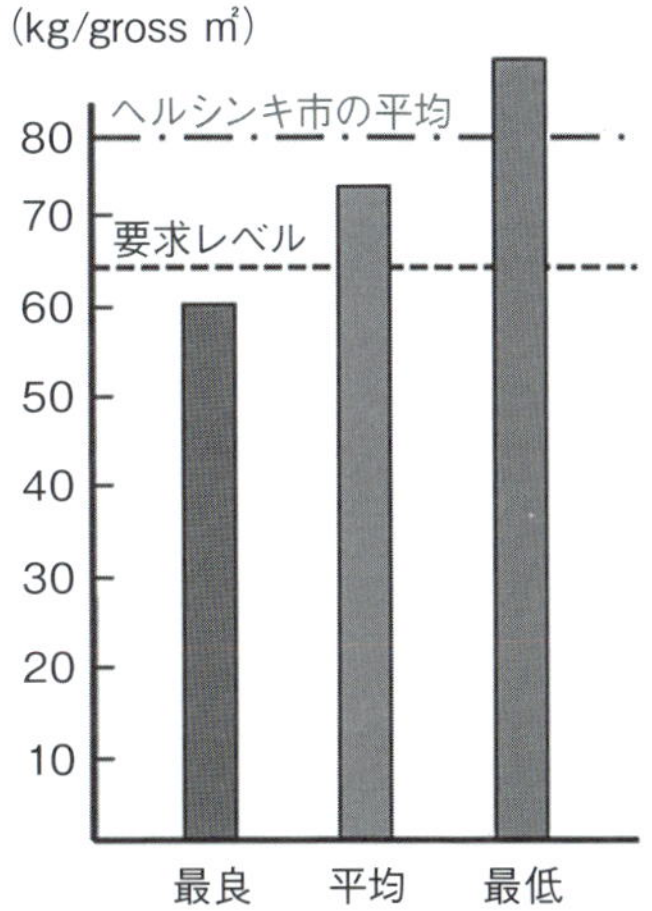


図6-9　二酸化炭素排出量

表6-1　モニタリング調査に参加した住区

| | 住区名称 | 事業者 | 戸数 | 居住者数 | 延べ床面積 | 所有形態 |
|---|---|---|---|---|---|---|
| 北地区 | ケルタブオッコ | SKA | 63 | 121 | 6,209 | 分譲 |
| | SUNH | ATT | 44 | 141 | 4,505 | 賃貸 |
| | コリアンテリ | YIT | 55 | 124 | 5,384 | 分譲 |
| 西地区 | KTA エコ・ヴィーッキ | ATT | 87 | 197 | 8,265 | 賃貸 |
| | ASO エコ・ヴィーッキ | ATT | 38 | 97 | 3,889 | 居住権 |
| | ロスマリーニ | YIT | 49 | 107 | 4,446 | 分譲 |
| 南地区 | ノッコクヤ 3 | VVO | 33 | 87 | 3,836 | 賃貸 |
| | ノッコクヤ 4 | VVO | 28 | 74 | 2,528 | 賃貸 |
| | ノッコクヤ 6 | VVO | 34 | 75 | 3,460 | 居住権 |
| | ノッコクヤ 7 | VVO | 34 | 71 | 3,327 | 居住権 |
| | エコケイダス | VVO | 9 | 21 | 974 | 分譲 |
| | エコヘルミ | VVO | 22 | 61 | 2,360 | 分譲 |
| | アウリンゴンクッカ | SKA | 31 | 65 | 2,781 | 分譲 |
| | バルコアピラ | SKA | 31 | 59 | 2,781 | 分譲 |
| | ヘラス・ヌプクヤ | HELAS | 26 | 76 | 2,700 | 居住権 |
| | ベルソクヤ 3 | ESY | 31 | 81 | 2,636 | 居住権 |
| | ケバカツ | ESY | 12 | 35 | 1,228 | 分譲 |
| 合計 | | | 627 | 1,492 | 61,309 | — |

事業者名　SKA：スカンスカ社、ATT：ヘルシンキ市、YIT：YIT 社、
VVO：VVO 社、HELAS：ヘルシンキ居住権住宅協会、ESY：ESY 社

は、計測が難しいために含められていない。

そのうち、地域暖房の熱エネルギー消費量が設計時の目標の水準を九％超えたために、二酸化炭素排出量も同程度超えた結果となった。

【水】

エコ・ヴィーッキでの要求レベルは、ヘルシンキ市の標準的使用量より二二％以上少ない一人一日当たり一二五リットルと設定されていた。各住区の事業者が設定した使用量の目標値は、多くの場合、それより小さい値であった。

実際の水の使用量は住区ごとに異なるが、平均値は一二八リットルで、概ね目標を達成した。住宅のタイプ、所有形態とサウナの有無などが、使用量に影響を与えている要因とみられる。

スカンスカ社は、二〇〇二年の一平方メートル当たりの使用量は、アウリンゴンクッカとアホマンシッカは一〇五リットル、ケルタブオッコが一〇〇リットルで、節水型の機器の採用、サウナと洗濯室の共同化、雨水貯留水の水やりへの使用が節水に効果を上げた要因だったと報告している。なお、エコ・ヴィーッキに居住している家族は、比較的多くの小さい子供たちを持つ水の使用量が多い家族である。やがて、使用量はさらに減少する可能性が高い。

ヘルシンキ市の一般の集合住宅では、水道メーターが各戸に取り付けられておらず、使用量によって課金されない住戸が多い。エコ・ヴィーッキでは、ほとんどの住区で個々の住戸に水道メーターが設置された。使用量に基づいて料金を課金することは使用量を低減させたと推測されている。

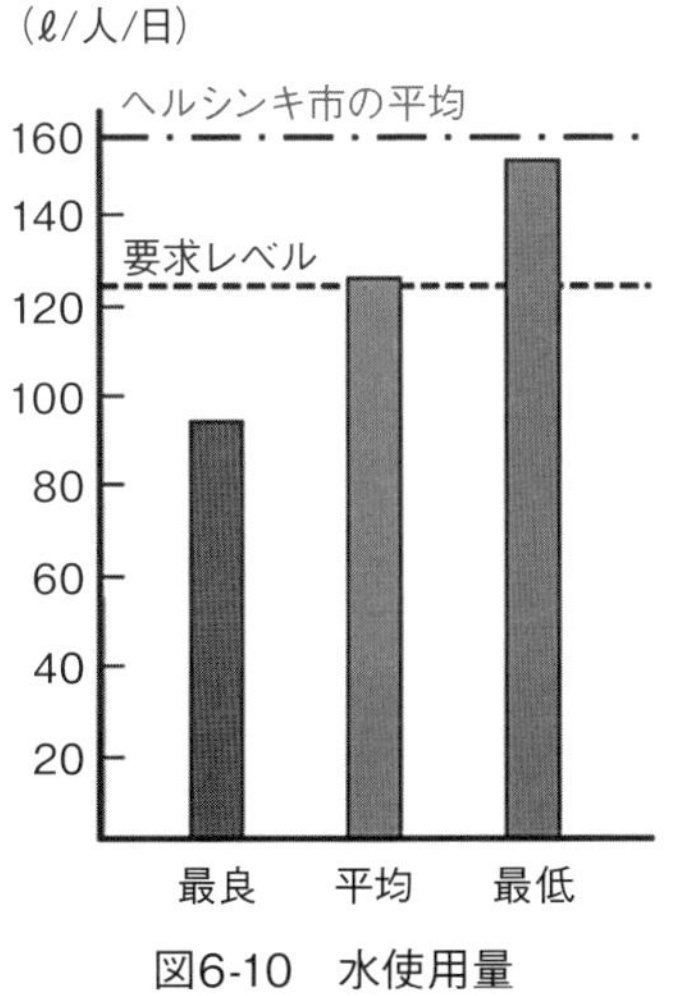

図6-10　水使用量

【建設廃棄物】

エコ・クライテリアでは、許容される建設廃棄物の量は延べ床面積一平方メートル当たり最大一八キログラムと設定された。それは標準よりおよそ一〇%以上少ない値である。

建物が完成した際に各事業者が提出した報告書によれば、建設廃棄物の量は一平方メートル当たり五～一五キログラムで、目標は達成された。

しかし、フィンランド国内では、エコ・ヴィーッキの建設期間中に、建設廃棄物の分別を義務づけた法改正が行われ、建設廃棄物の発生源における整理と分別は概ねうまく機能している。その影響も少なくないと思われる。

なお、スカンスカ社は、すべてのプロジェクトについて一平方メートル当たり五・五キログラムという目標を設定していた。その目標には少し達しなかったと公表している。

【家庭ごみ】

家庭ごみの量は、居住者一人当たり最大年間一六〇キログラムと設定された。それは標準より約二〇%以上少ない値である。さらに、住区の収納容器の大きさは、ヴィーッキ地区廃棄物管理計画に従うことが求められた。そのために、各住戸には廃棄物の分別のための場所が必要となった。

廃棄された家庭ごみの量を正確に測定することは難しいので、ごみ収集車の運転手に、二週間にわたって、収集した廃棄物の量を記録することを依頼した。その記録によると、廃棄物の量は、ヘルシンキ市の住宅地域の平均的な量と大差ない結果であった。

【エコラベル】

エコラベルについて、エコ・クライテリアでは最低要求水準は設けられず、エコラベルの付いた建築材料を二種以上用いる一点の段階の住区が二か所あったのみで、それらは同じ事業者であった。塗料と合板にエコラベルの付いた商品を使用するとしている。

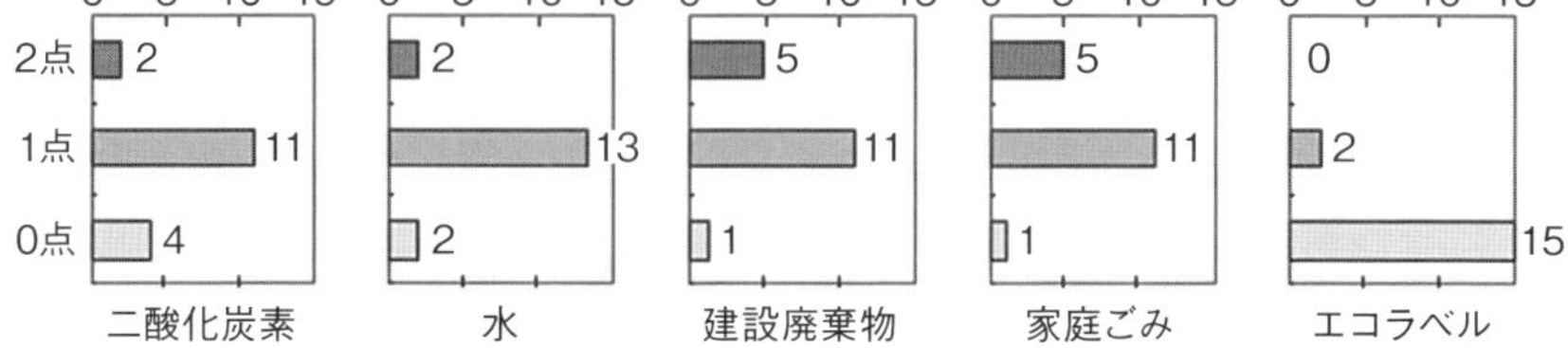


図6-11　設計時のピンバグポイント(汚染)

い。

▼天然資源

【熱エネルギー】

暖房エネルギーに関する最低限の要求レベルは、外部から購入する地域暖房エネルギーが延べ床面積一平方メートル当たり最大一〇五キロワット時で、それは従来のヘルシンキ市の住宅が消費する量より三三％以上少ない。

実際の熱消費量は住戸により、また住区により、かなり異なっているが、平均値は一二〇キロワット時であった。したがって、目標は達成されなかったが、ヘルシンキ市の平均値の二五％が削減された。

熱消費に影響を与える主要な要素は、換気方式、住宅の形式や熱的特性、太陽熱の利用、家庭の熱利用行動（例：熱水の消費量）などが挙げられる。

エコ・ヴィーッキの住宅には様々な換気方式が取り入れられた。熱交換器の導入、床下やサンルームなどを経由させて暖める工夫、吸排気の動力に電力を使わず重力や風力など自然の力を用いる方式など、いくつものバリエーションがあった。モニタリング調査の報告書では、熱交換器によるエネルギー節約の効果は明白であったと述べられている。

住棟全体で換気するセントラル方式は、各住戸別に換気する方式より少し良い結果が得られた。それは、運転時間を決めている住棟セントラル方式に対し、住戸別の換気方式はより長時間使われたためと推測された。

自然換気を促進するために採用された回転式カウルは、強風時には換気量が増大しすぎ、室温を低下させる結果をもたらしたことも紹介している。

太陽熱による地域暖房システムには約半数の住戸が参加していた。太陽熱によるエネルギー生産は、二〇〇二年の平均では一平方メートル当たり二八五キロワット時であった。最も高成績だったのはアウリンゴンクッカの三九五キロワット時で、同じタイプでのフィンランドの最高記録となった。集熱器とその技術はヴィーッキで支障なく作動したが、システムの排熱

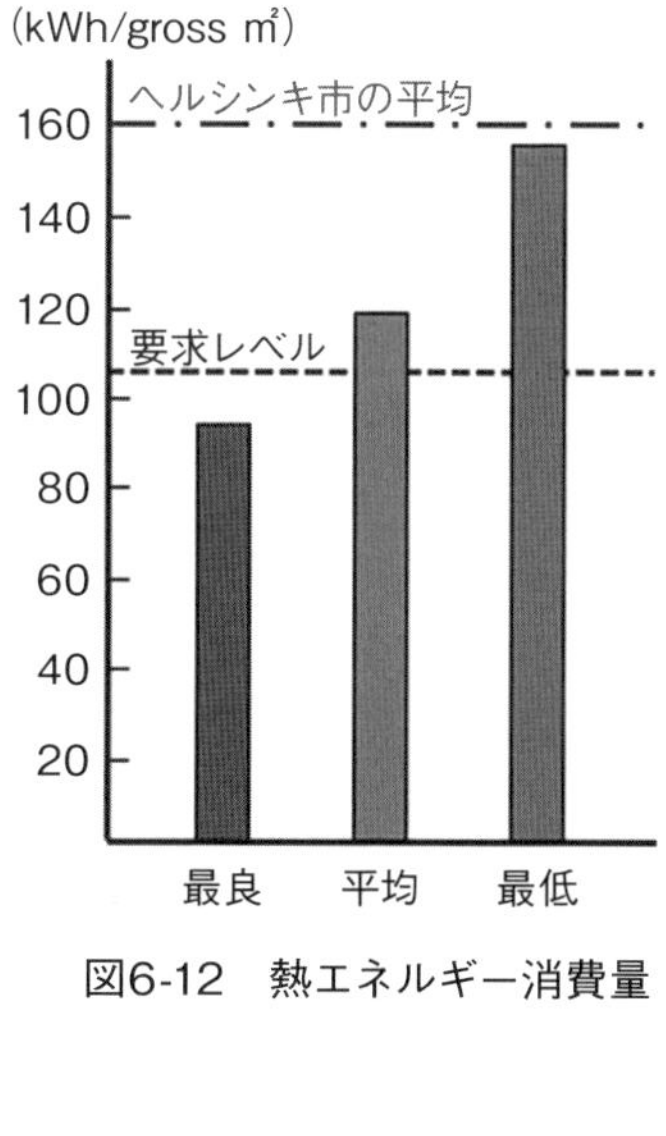


図6-12　熱エネルギー消費量

回路は一年間の運転の後でも調整が必要であった。

## 【電力】

電力消費量の要求レベルは、ヘルシンキ市の住宅の平均と同じく一平方メートル当たり最大四五キロワット時であったが、エコ・ヴィーッキにおける実際の使用量の平均値も同じ値であった。

しかし、実際の電力消費量は暖房の熱エネルギーの消費量以上に住宅による差が大きい。それはおそらく、住戸ごとに異なる器具や電化製品、そのユーザーの器具や製品の利用行動の差などが電力消費に大きい影響を持っているためであろう。

賃貸と分譲のような所有形態、換気方式、電力消費量が少なくない自家用サウナ、共有空間の面積やエレベーターの台数なども消費量に影響を与えている。比較した結果、意外なことに、居住者の密度（家族数）と電力消費量との相関はみられなかった。

## 【一次エネルギー】

一次エネルギーの目標レベルは、五〇年間の建物の推定エネルギー消費量が一平方メートル当たり三〇ギガジュールと設定されていた。

建物のエネルギー消費量を計算する根拠となるデータが十分でないため、この項目はモニタリング調査の対象から除外された。

エコ・ヴィーッキで一次エネルギーの消費量を減らす主要な手段は、木材の使用であった。また、セルフビルド住宅の中には、断熱材を含めて、完全に天然の材料から作られた住宅もあった。

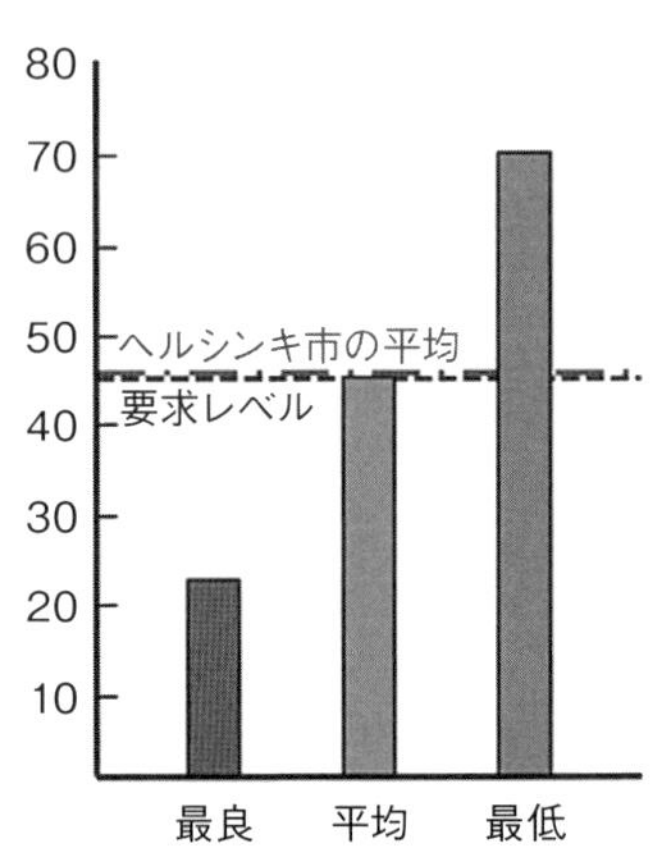

図6-13　電力消費量

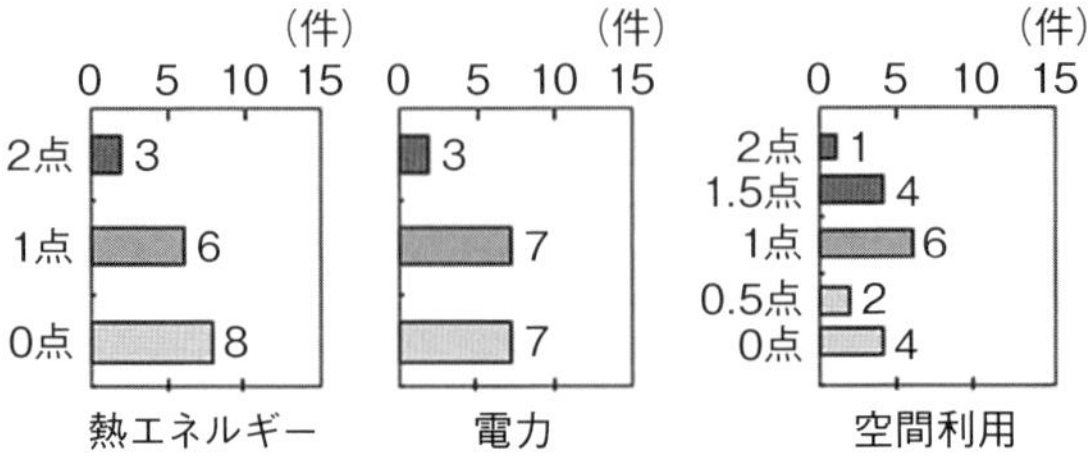

図6-14　設計時のピンバグポイント（天然資源）

【空間利用】

空間のフレキシビリティの向上によって改築や改修工事を施す必要性を減じること、共同利用によって空間の利用密度をあげ、建築面積や容積を削減することは、建築材料の使用量を減らすので、エコ・クライテリアでは、床面積の一五％以上が可変性が高く、共同利用化を図ればピンバグポイントは一点、さらに、多目的空間を設ければ二点と設定している。

二点を得たのはデュアルビーム構法を用いて入居者の設計への参加を促進したヘラス・ヌプクヤの住区、一・五点を得たのはバルコニーゾーンの可変性を高めたＳＵＮＨやアクセスフロア（二重床）を用いたアウリンゴンクッカとバルコアピラなど四住区であった。

## ▼健康

【屋内気候】

エコ・クライテリアでは、屋内気候の必要条件レベルは、建築工事と外装材は屋内気候分類システムをベースに定められた。しかし、使われた外装材の特性を調べることは不可能であったので、屋内気候のモニタリング調査は主に居住者の回答に頼らねばならなかった。

居住者調査は、居住者が屋内気候と照明に満足していた結果を示した。七割が住戸の換気に満足していた。しかし、機械式換気と自然換気の調整の問題には不満があった。

モニタリング調査が実施されていた時期に、ＨＯＰＥ国際プロジェクトの集合住宅における生活の健康面に関する大規模な調査がフィンランドで行われた。この調査に四つの住区が参加し、入居者の屋内気候に関する評価に有意な差が確認された。それは前述した換気システムの問題であった。

【湿気】

湿気対策は設計図書で示すことが要求された。エコ・ヴィーッキの地形は平らで低く、雨水が地中の雨水排水管ではなく、地表を通ってヴィーキンオーヤ水路に流れるので、湿気対策は通常の土地より難しい。

実際には、浴室の床暖房、床下の空気の屋根への排気、大きめの排水管、高めの柱礎、構造物への湿気センサーの設置などが行われた。

**【騒音】**

エコ・クライテリアでは、遮音に関してエコ・ヴィーッキに特別な水準を設定しなかった。当時、新しい騒音規則が二〇〇〇年に施行される予定になっており、いくつかの住区では自主的にこれを目標としていた。床の衝撃音を緩和する技術を開発した住棟もあった。

居住者調査とＨＯＰＥプロジェクトの調査によれば、人々は住宅の遮音レベルに満足している。しかし、自然換気の換気装置の運転音に対しては否定的な回答が多かった。

**【風と日当たり】**

屋外空間の計画では、光と太陽を屋外空間と子供たちの遊び場所に入れること、また、周囲の野原から吹き寄せる風から守ることが意図された。

居住者調査では、屋外空間は「明るい」「日当たりが良い」と書かれた回答が多かった。しかし防風については苦情があった。まだ樹木は植えられてからあまり時間が経過していない時期だったが、住宅の周辺およびエコ・ヴィーッキの南端部の防風林は、数年の成長を経れば防風効果は高まるであろう。

**【間取り代案】**（選択肢と汎用性）

間取りを変更できることは精神衛生上好ましいということから、この項目が位置付けられている。ピンバグポイントの一点は住宅の一五％以上が変更可能、二点は三〇％以上変更可能な設計である。

天然資源の空間利用の項目でも二点を得たヘラス・ヌプクヤが同じ理由で二点、ＳＵＮＨとベルソクヤ３の住区は改築が容易な構法であることで一点であった。

図6-15　設計時のピンバグポイント（健康）

### ▼生物多様性

**【樹種選定】**

ピンバグポイントは、十分な樹種と多くの層を成す植生の構成が一点、生物多様性を増やす新しい植生タイプを作る庭のデザインに二点が与えられる。

二点を獲得したのは南地区のベルソクヤ庭路のブロックにあるベルソクヤ3住区だけであった。

**【雨水管理】**

ピンバグポイントは、建物からの水だけが排水されるものが一点、雨水が生態系を豊かにするために使われる設計に二点が与えられる。

二点を獲得した住区は無かったが、樹種選定でも高得点だったベルソクヤ3住区が、雨水を地中に浸透させるために砕石のドレーンを用いたことなどによって一・五点を得ている。

### ▼食糧生産

**【栽培】**

ピンバグポイントは、樹木と低木の三分の一が有用な植物ものが一点、居住者が耕作できる区画を与えられる機会がある設計に二点が与えられる。

二点を得たのは北地区のケルタブオッコとコリアンテリ、ノッコクヤ庭路ブロックのノッコクヤ6と7の住区であった。

**【表土】**

エコ・クライテリアでは、敷地から掘削された土壌を利用することが目標とされた。表層の土壌層は通常、同じ敷地あるいはヴィーッキの他の場所で使われた。表層以外の土壌は、

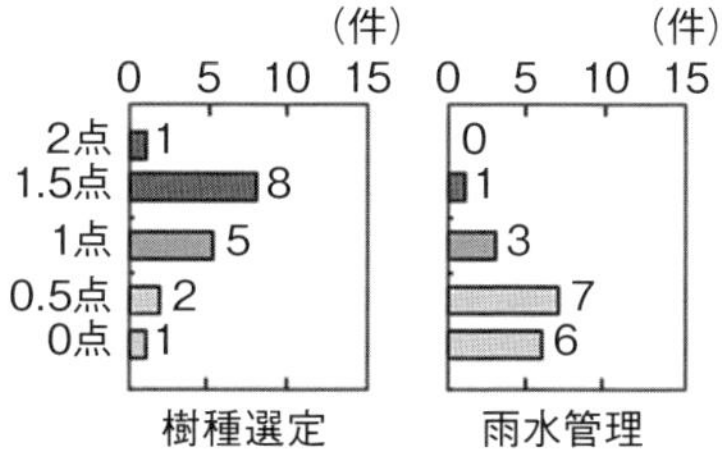


図6-16　設計時のピンバグポイント（生物多様性）

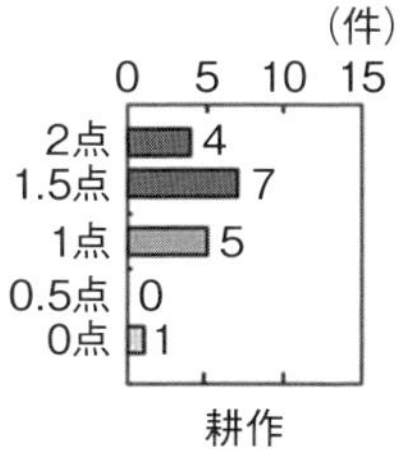


図6-17　設計時のピンバグポイント（食糧生産）

それがたいてい粘土であったため、利用することは困難であった。掘削された土壌の一部は公園の建設のために使われた。最初に表土が掘削した箇所の近くに移動され、エコ・ヴィーッキから持って来られた粘土で敷地が形成され、肥沃な表土がその上に戻された。

モニタリング報告書では、土壌のピンバグポイントは紹介されていなかった。

### ▼ピンバグポイント

図6-18に、ピンバグポイントの平均点を示す。汚染や天然資源の分野に比べて、健康の平均点が相対的に低い。

健康で取り上げられた項目は、建築の分野で以前から考慮されていた内容が多い。それだけ、判定方法や得点の尺度もこなれていたのではないだろうか。

### ▼補足調査

モニタリング調査で暖房エネルギー消費量が平均より多かった六住区を対象に、環境省の主導により、その原因を探るための補足調査が実施された。二〇〇三年から二〇〇六年の実際の消費データが集められ、そして計画段階と維持管理段階の関係者にインタビュー調査が実施された。

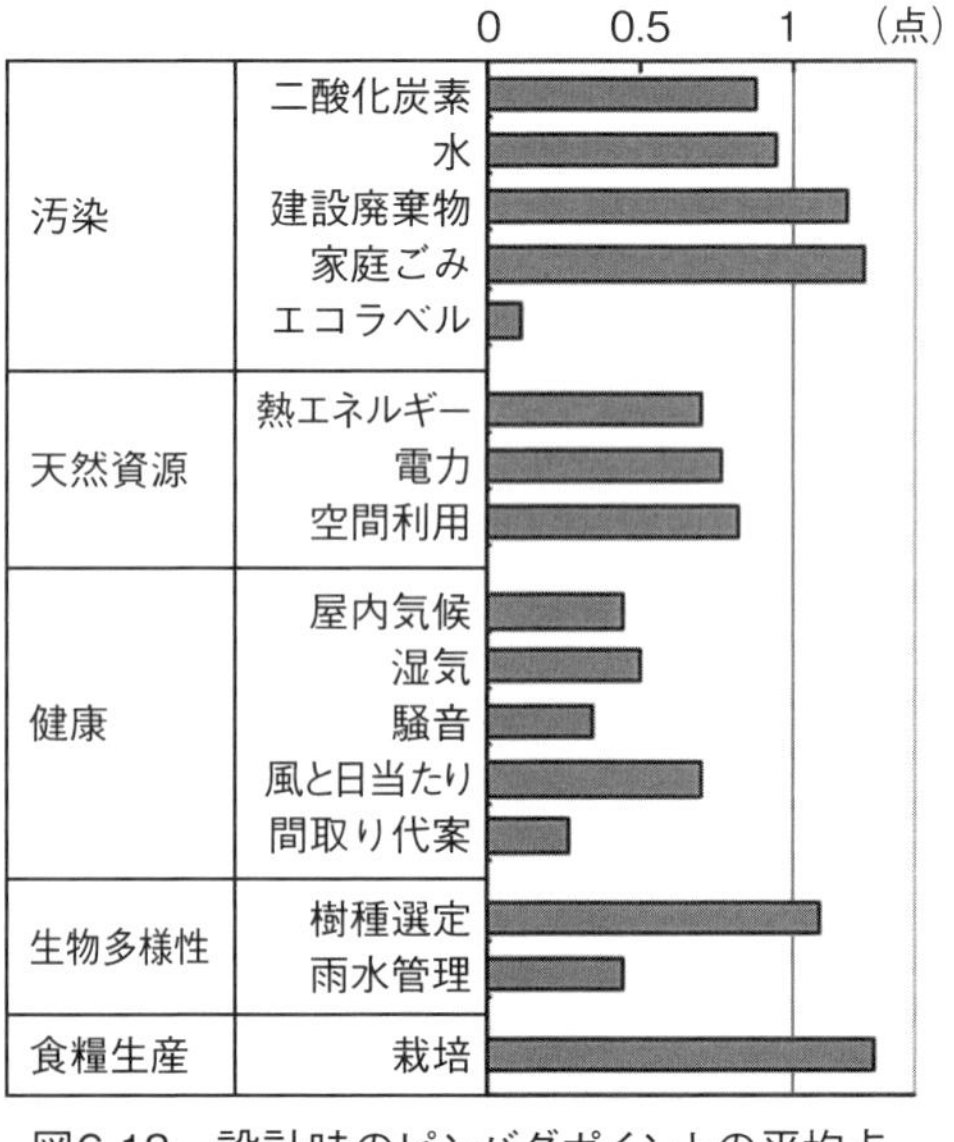


図6-18　設計時のピンバグポイントの平均点

調査の結果、エネルギー消費量が高かった理由は、うまく作用しない吸気口、制御されていない換気設備、熱損失、不必要な加熱、水供給システムの高圧力、給水機器の過剰な流量と、太陽熱暖房システムの制御の問題などであった。不必要な加熱は、平均すると年間のエネルギー消費量を七・六％増加させていた。

また、それらの改善以外に今後取り組むべき事項として、住宅の設計や建設段階での適切な環境の分類基準と、エコロジー的に効率的な建設の目標レベルの設定、都市構造を考慮した総合的な効果の算定法の検討などを挙げている。

## 3 セルフビルド住宅のエネルギー等消費量

二〇〇八年には、セルフビルド住宅の追跡調査結果が公表された。

熱エネルギーは、平均値で比較すると、エコ・ヴィーッキのモニタリング調査による平均値と同じく、一平方メートル当たり一二〇キロワット時であった。住区ごとの違いは大きく、消費量の多いビラアベナ（大型住戸）およびエロビレ（ホームオフィス）と、少な

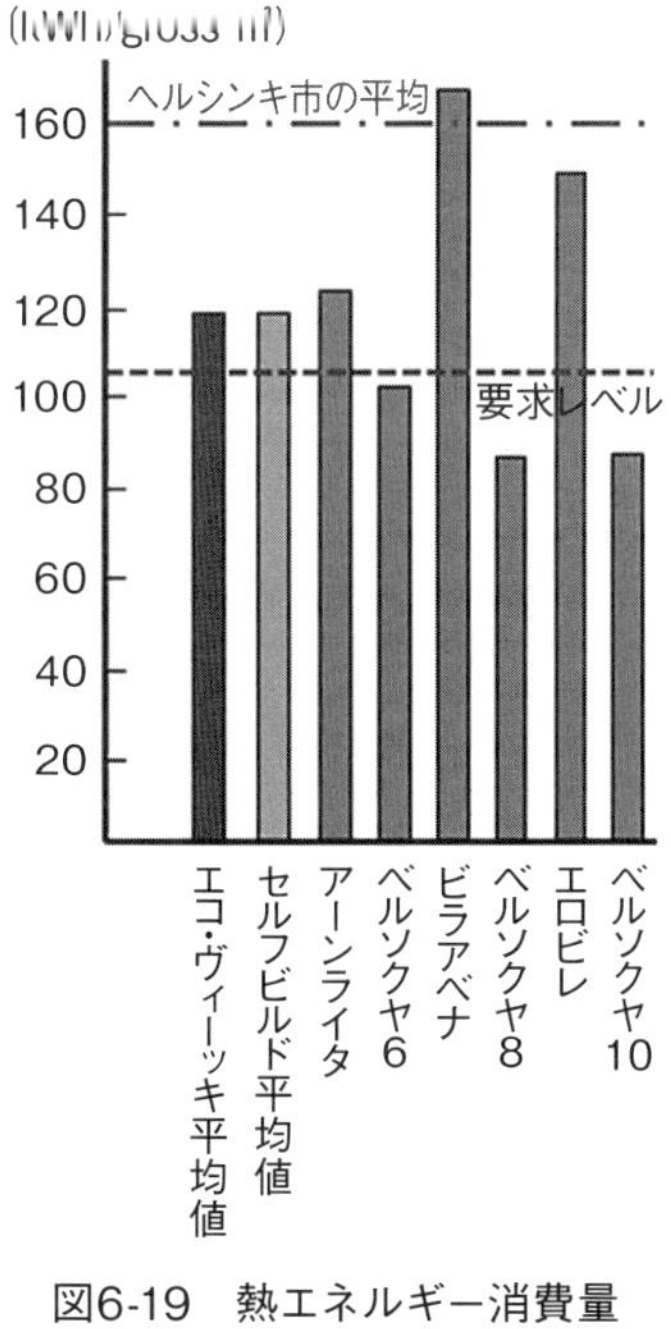


図6-19　熱エネルギー消費量

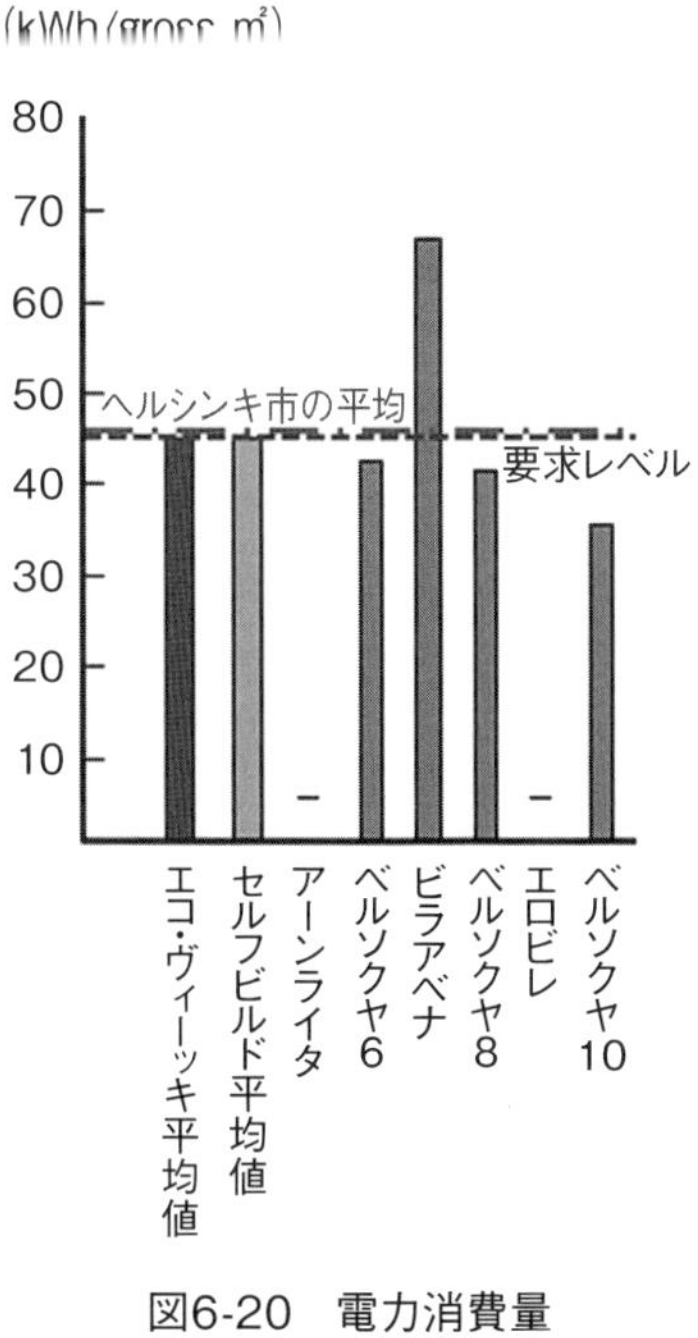


図6-20　電力消費量

いベルソクヤ8（ペレットストーブ暖房）およびベルソクヤ10（わらの家）とは約二倍の差があった。

　電力消費量は、二つの住区のデータは得られていない。セルフビルド住宅の平均値はエコ・ヴィーッキ全体の値と変わらなかった。熱エネルギーの消費量が多かったビラアベナ（大型住戸）は、電力消費量も多かった。

　水の使用量の平均値は一人一日当たり一〇三リットルで、エコ・ヴィーッキの平均値一二六リットルよりかなり少ない。特に、三つの住区は八〇リットルで、それらの住区はいずれも使用量に応じて課金する方式を採用している。やはり、課金システムは消費量削減に効果的であると考えられる。

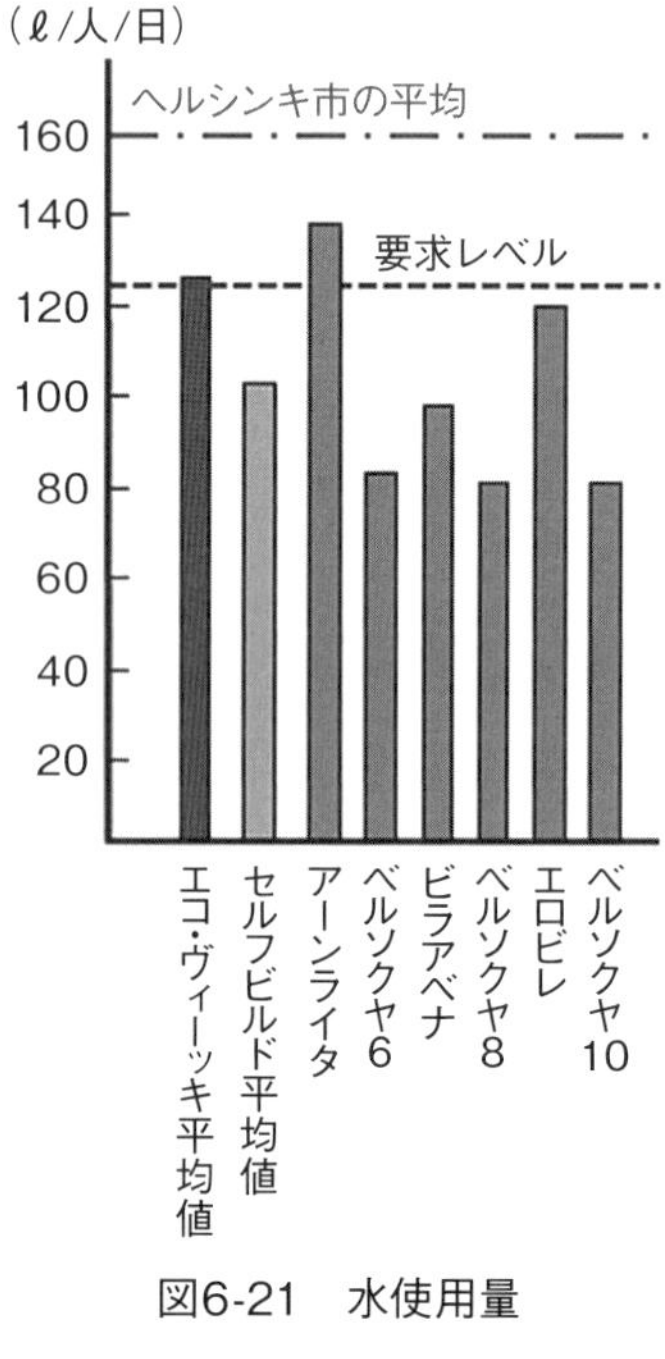

図6-21　水使用量

## 4 居住者の声

　ヘルシンキ市と環境省が作成したエコ・ヴィーッキプロジェクトの報告書では、ヘルシンキ大学の大学院生サンナ・アホネンがインタビューした居住者の声を紹介している。

　このインタビューは、彼女が学位論文を執筆するために自主的に実施したもので、被験者一七名に対して、一人当たり三〜四時間をかけて、話をじっくり聞く面接調査（深層面接）を行ったものである。

　彼女が収集した「生の声」は、人々の生き生きとした心の動きを伝えてくれる。


**【生活空間】**

「各住戸にではなくて、共用のサウナにしたことは良いことだと思います。サウナは場所をとり、湿気の問題もあります。

そして、たくさん電気代もかかるし。」

「遮音性能は素晴らしい！　私は隣の部屋の音を聞いたことがありません！　凄い！」

「屋外の専用庭は素晴らしい！　土地はあまり痩せていません。専用庭は囲われており、私はその植物と細部が好きです。私は歩き回り、近所の他の専用庭の所有者が何を植えたかを観察することが好きです。敷地境界線はあまり目立ちません。私はそのことも良いことだと思います。」

## 【エコロジカルな暮らし】

「環境にやさしい方法は一つだけではないと思います。わずかしか買い物をしない人もいますし、有機食品やエコロジー的な商品をよく買う人もいます。自動車を持たない人もいれば、排気ガス浄化用の触媒付きの自動車を買う人もいます。エコ・ヴィーッキに住んでいるサツは進んで彼女のごみを分別しますが、彼女の夫はもっとグリーンなので、彼女は自分自身が特にグリーンであると思っていません。彼らの自宅でサツは灯りを点灯し、彼女の夫はそれを消します。同じことが多くの他の家族にも当てはまります。エネルギー倹約家は妻だという家庭も、夫の家庭もあります。そして時にはそれは息子であることもあります。」

「私はめったに自家用車を仕事に出かけるために使いません。私は水の使い方に気をつけるようになりました。私はシャワーで不必要に水をかけるのをやめました。」

「個人的に、私は、隣の家と共同の庭を持つこと、この住宅地が公営住宅を含むことなど、都市計画の考え方を尊重しています。ここには大勢の子供たちがいて、たくさんの遊具があり、そして小さい専用庭の境界に植えられたラズベリーの上をすてきな会話が行き交います。みなさんは私より専用庭の手入れをよくしています！」

## 【サウナでの会話】

共同サウナで「若者のサウナ」という催しが行われた際に、彼らがどのようにエコ・ヴィーッキに住むことになったかという話題が登場したそうだ。

エコ・ヴィーッキに引っ越すことを提案したのは、どの家族も妻であった。夫たちは、エコ・ヴィーッキで暮らすというのはどういうことなのか不安を感じて、あまり乗り気ではなかった。しかし、引っ越してみると、エコ・ヴィーッキでの生活は普通の郊外の生活に近いもので、ごみの分別とソーラーパネルが目につく以外は、特段に変わったことはなかったという。自動車を所有すると奇異にみられるかもしれないと思った人もいたが、特に目立ちはしなかった。

【エコ・ヴィーッキを選んだ人たち】

住宅の販売や入居者募集の際に、エコ・ヴィーッキは良い環境の中にあることが宣伝された。しかし、多くの人にとって、エコロジーが最も重要な理由ではなかった。デベロッパーたちは、住居が自然に近いことは重要な長所で、当初は特にエコロジーに傾注する人々がこの区域に引き寄せられると考えた。そういう人もいなかった訳ではないが、大多数はエコロジカルな生活について漠然とした知識だけを持っていたようだ。

「居住者を選ぶ際に強く望むことがあります。ここに越してきた大部分の人は、自分たちがエコ・ヴィーッキに越してきたことさえ知らないのです！　ごみの分別さえも、きちんとしない人がいるのですよ。」

「人はすべてについてエコでなければなりませんでした。それは私がエコ・ヴィーッキの賃貸住宅を申し込んだとき望んだものではありません。」

「ヴィーッキに住んでいる人はリラックスしています。スーツを着ている男はいません。」

【スキップハンティング】

「エコ・ヴィーッキは、特に未だ建設段階であった時は、ＤＩＹが趣味の人にとっては本当のパラダイスでした。私の夫の趣味はスキップハンティング（ごみ箱狩り）です。建設現場では、彼の木工趣味に使えるあらゆる種類の有用な材木を見つけることができました。彼はたいてい一人でスキップハンティングにでかけますが、週末は家族四人全員で行くこともあります。私の友人の夫の趣味は日曜大工で、何と良い材木がごみ収納庫で見つけられたかと熱心に話します。彼女は同僚に、夫の木工趣味について話しますが、彼女も家族でスキップハンティングに出かけているんですよ！」

【園芸】

「エコロジカルな行動が他の多くの場所より容易になりました。専用庭での園芸がここでの自然に対する活動です。私たちは以前よりずっと多くの時間を屋外で過ごします。そして自然をより大事に思うようになりました。」実際に住宅地を歩いてみると、住戸のテラスや庭はよく手入れされており、屋外に置かれた家具も、住人たちがそのスペースをエンジョイしていることをほのめかせる。

ところで、サンナ・アホネンは学位論文「環境プロジェクトに対する日常生活上の挑戦」を完成させ、現在はアアルト大学の都市・地域研究センターの研究員として活躍している。

彼女にインタビューを申し込んだところ、ガーデニアヘルシンキのコーヒーショップで会うことを提案してきた。それほど遠くない場所に住んでいる彼女は、約束の時間に自転車でやってきた。

**Q　あなたは、インタビューをしてみて、エコ・ヴィーッキの生活環境をどう感じましたか？**

A　人々は、周辺のレクリエーショナルな空間、住宅や雰囲気と、交流（小さなグループがたくさんできています）を好んでおり、ここはまるでホビーハウス（趣味の家）のようです。人々は活発に行動し、たくさんの教室や行事が行われています。

しかし、公共サービスについては恵まれていませんでした。近くに商店が無かったし、バスの接続が悪く、しかも混雑しています。乳母車で乗り込むのは困難です。

そこで、多くの人は自動車を買わずにはいられませんでした。そして、ヘルシンキ市の他の場所より自動車保有率が高くなりました。建物に関しても多くの問題があり、新築というのはそういうものですが、人々はがっかりしました。

多くの問題は、普通の新築住宅にみられる問題でした。

ここには、多くのサービスとバーやレストランを望む種族と、田舎や自然を望む人々と二種類の種族がいるようです。

全体的にみれば、大部分の人は本当に満足していますが、エコロジカルでサスティナブルな区域が一般の住宅地より社会とインフラストラクチャーの問題を抱えていることに驚いています。

写真6-1 サンナ・アホネン

**Q　あなたの調査から約一〇年経ちましたね。**

A　私自身がエコロジカルなライフスタイルに関心を持っているのは、それが大変に多様化しているからです。

田舎暮らしが好きだとか、自分で作物を育てるというようなことも、エコロジカルなライフスタイルに関連があります。都市内での各種サービスの享受や商店に車で買い物に行くことも、この問題に関連しています。そして服装も、エコロジーに対する考え方が反映されるものです。

私自身はエコロジカルフットプリントにも興味を持ちました。そして多くの人々は、自分では気づいていませんが、例えばたくさん旅行をしない、無駄な買い物をせずに倹約をするということなど、エコロジカルフットプリントが小さな暮らしをしています。

私は人々が同じライフスタイルを持っているべきだとは思いません。私は、様々なライフスタイルがどのように形成されたのかを研究し続けていきたいと考えています。

（インタビュー二〇一二年六月二日）

彼女は、エコロジーに関してライフスタイル（行動様式）が多様化していることを、研究の背景や動機として挙げた。そして、多様化した行動をとらえる視点の一つとして、エコロジカルフットプリントを位置付けている。

## 5 ソーラーシステム

### ▼太陽熱利用システム

モニタリング報告書では、ＥＵのＴＨＥＲＭＩＥプロジェクトとＳＵＮＨプロジェクトの助成を受けた太陽熱利用システムが二〇〇二年に生成した熱量を紹介している（表6-2）。

各システムの一平方メートル当たりの生成熱量では、アウリンゴンクッカ住区の三九五キロワット時が最高で、フィンランドにおける記録であったと紹介している。

実際にそのシステムを設計し作成と運用を担当したソルプロス社は、二〇〇四年一一月に「エコ・ヴィーッキの太陽熱システムのフォローアップ最終報告書」を発表し、より詳細なデータを報告している。

同報告書では、ＴＨＥＲＭＩＥプロジェクトの助成を受けた八つのシステムについて、二〇〇一年から二〇〇三年までの三年間の各集熱器の生成熱量を紹介している。図6-22は住区ごとの生成熱量である。なお、バルコアピラのシステムは、二〇〇二年にはまだ準備中の期間があったため、少ない値となった。ベルソクヤ3は、二〇〇三年に部品の交換のため、半年間作動していなかった。どの住区も二〇〇一年より二〇〇二年の方が生成熱量が高く、また二〇〇三年には低下した。二〇〇一年の水準と同程度になった住区もあれば、多くなったものも少なくなったものもある。

ソルプロス社の報告書では、この年間の差の主な原因は天候によるもので、概ね二五％の差があるとしている。なお、同

表6-2　2002年の生成熱量

| 住　区 | 熱量 (kWh) | 熱量／面積 (kWh/㎡) |
|---|---|---|
| SUNH | 53,000 | 338 |
| ケルタブオッコ | 64,660 | 305 |
| KTA エコ・ヴィーッキ | 71,672 | 289 |
| ASO エコ・ヴィーッキ | 35,640 | 297 |
| ノッコクヤ 3 | 51,600 | 300 |
| アウリンゴンクッカ | 45,820 | 395 |
| バルコアピラ | 47,300 | 215 |
| ヘラス・ヌプクヤ | 11,200 | 140 |
| ベルソクヤ 3 | 27,200 | 340 |
| 合計 | 355,092 | 284.5 |

社のデータは、表6‐2のデータ（地域暖房を担当しているヘルシンキ市エネルギー公社が作成）と熱量の測定方法が異なり、生成熱量の数値は同一ではない。

図6‐23は集熱器一平方メートル当たりの年間の生成熱量である。ソルプロス社の報告書では、システム間の差は約三〇％で、集熱器の大きさと設置角度、特に階数の多い住宅では配管の長さが長くなること、貯湯タンクの容量とその温度設定などをその要因に挙げている。

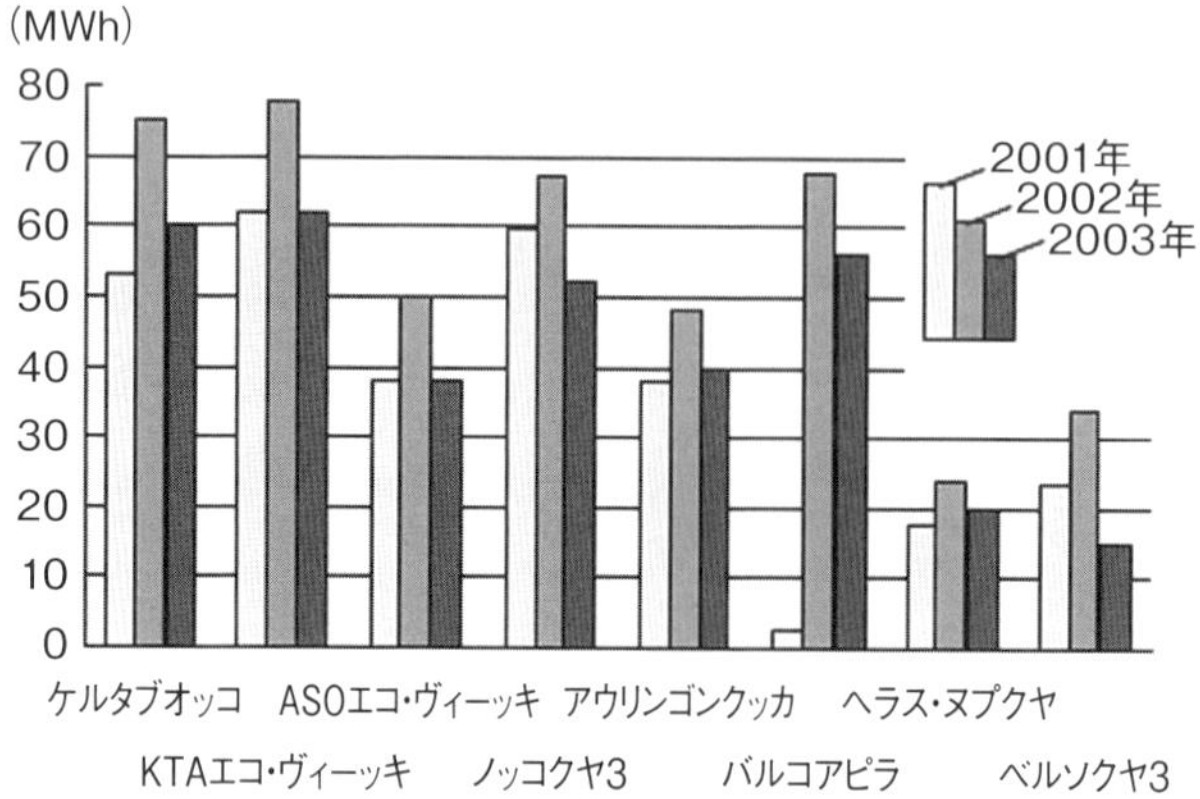

図6-22　2001～2003年の生成熱量

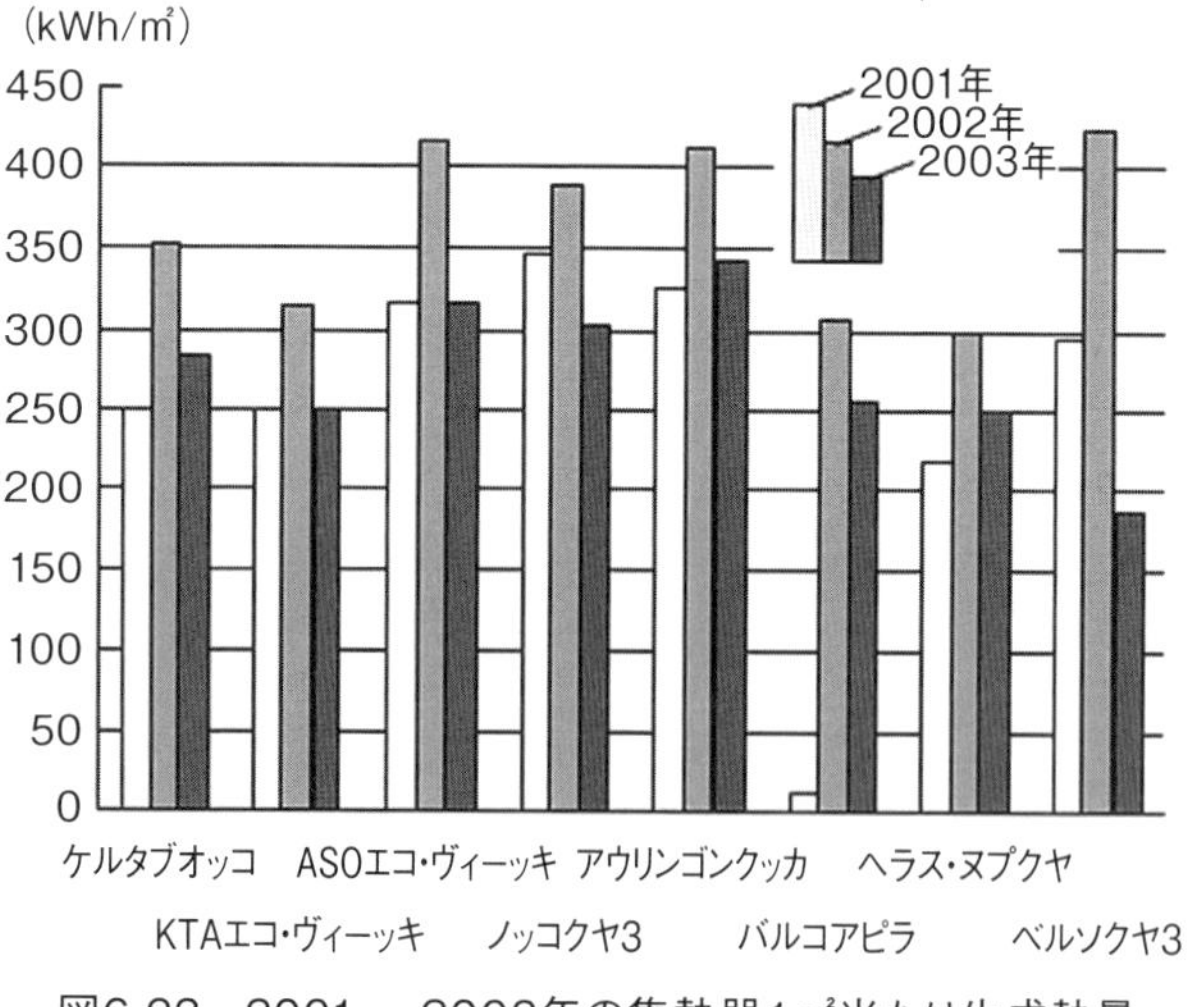

図6-23　2001～2003年の集熱器1㎡当たり生成熱量

図6-24は二〇〇二年の各月の生成熱量（単位面積当たり）で、五つのシステムの実績が示されている。

どのシステムも一月は非常に少なく、二月から四月にかけて目覚ましく増加し、九月から一一月にかけて減少してほとんどゼロになるという変動を示している。

これは、最も暖房負荷の大きな冬季にはほとんど貢献せず、大きな熱量が得られる夏季には長い休暇で自宅を不在としがちなヘルシンキ市の人々の暮らし方とは相性が良くない特性ではないだろうか。

また、隣接し、事業者と設計者が同一で、住棟の構成も類似しているKTAエコ・ヴィーッキとASOエコ・ヴィーッキの単位面積当たりの生成熱量が、この中では最低値と最高値で、集熱器の設置角度（前者が二〇度、後者が四五度）の差が影響要因と推測され

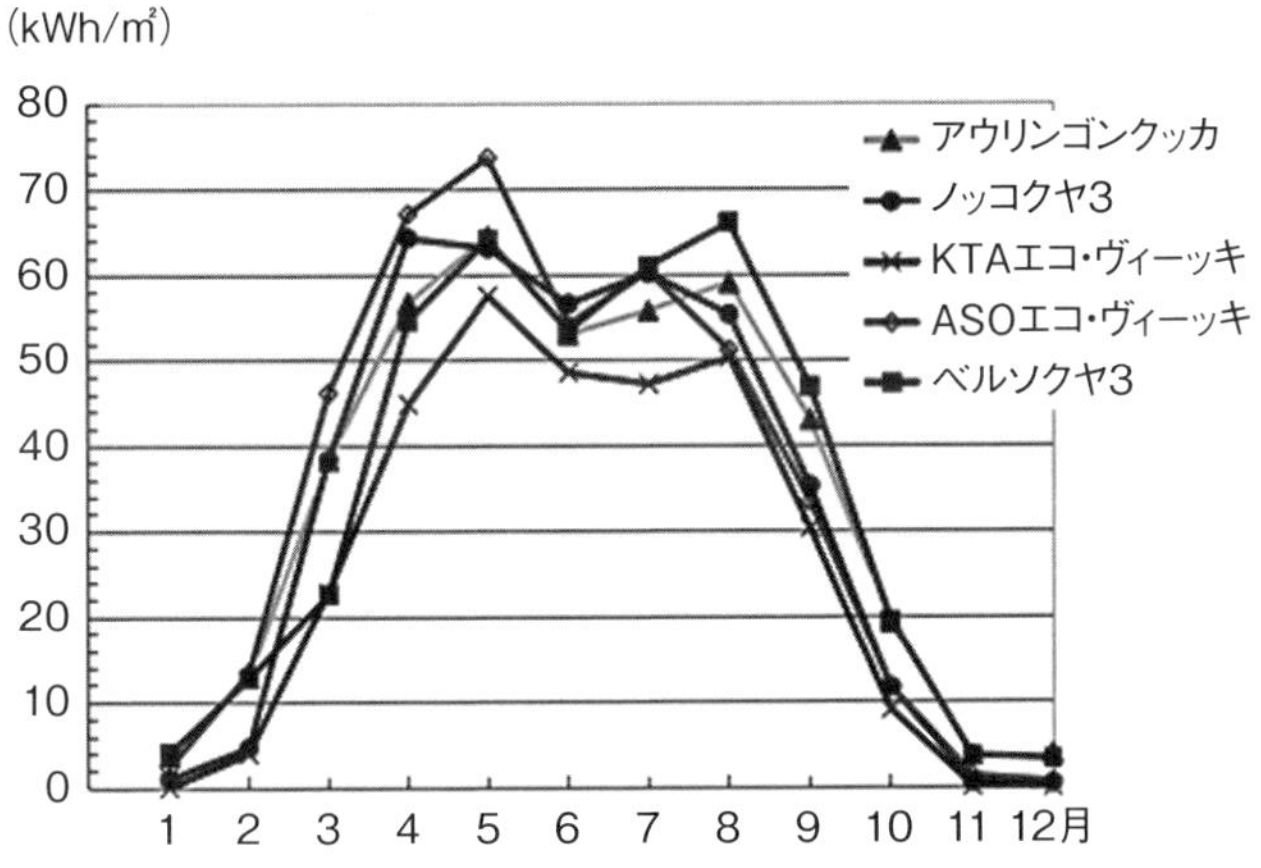


図6-24　各月の生成熱量(2002年)

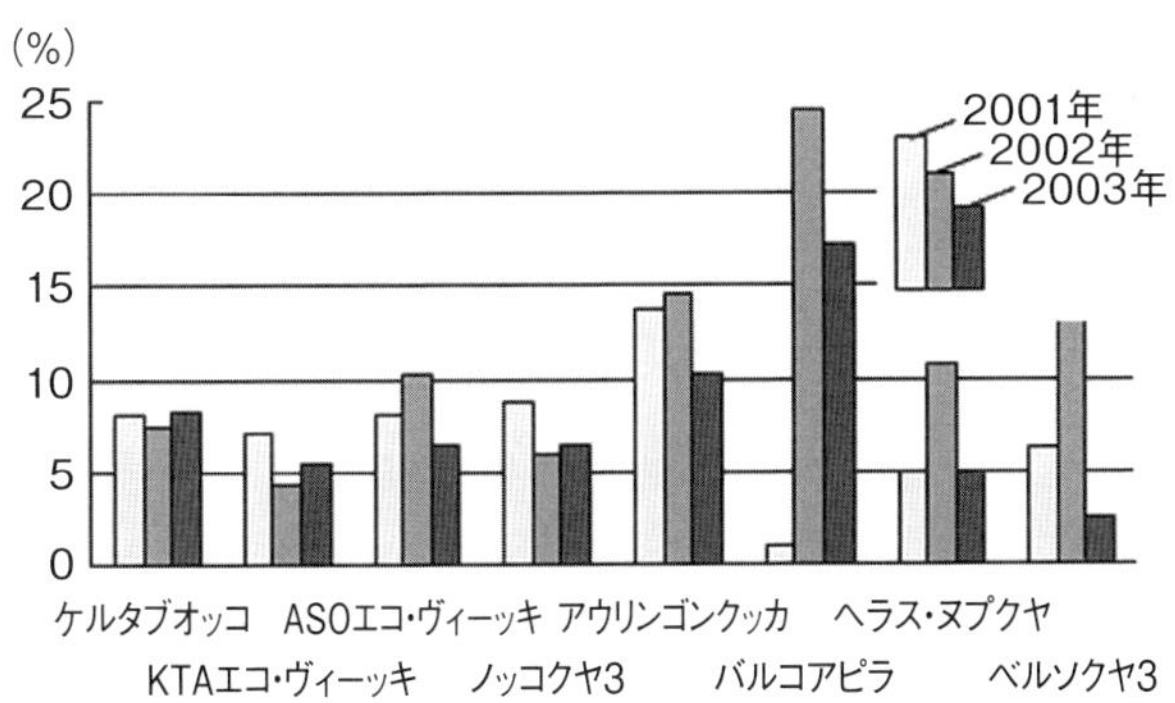


図6-25　地域暖房における太陽熱のシェア

ている。

図6-25は地域暖房システム（給湯も含む）における太陽熱のシェアである。五%から二五%まで大きな開きがある。最もシェアが高いのはヌプクヤ庭路の入口に建っているバルコアピラで、それと同じプランの仕棟で太陽熱システムの集熱器と貯湯タンクの仕様が異なるアウリンゴンクッカは第二位の実績を示している。

ソルプロス社の担当者は、貯湯槽の温度設定と生成熱量の低さがシェアの低さに関連していると述べている。バルコアピラの集熱器の面積はアウリンゴンクッカの約二倍で、生成熱量は三割から四割程度多かった。

### ▼太陽光発電

サルビアの住棟に設置された太陽電池システムは、二〇〇三年以来稼動している。モニタリング報告書では、稼働してからの時間が短いためか、実績には触れていない。図6-26は、ソルプラス社の担当者とアアルト大学のペーテル・ルンド教授が国際会議で発表した論文に紹介したグラフであるが、その論文でも、この実績を紹介しているだけで、システムに対する評価や解説は加えていない。

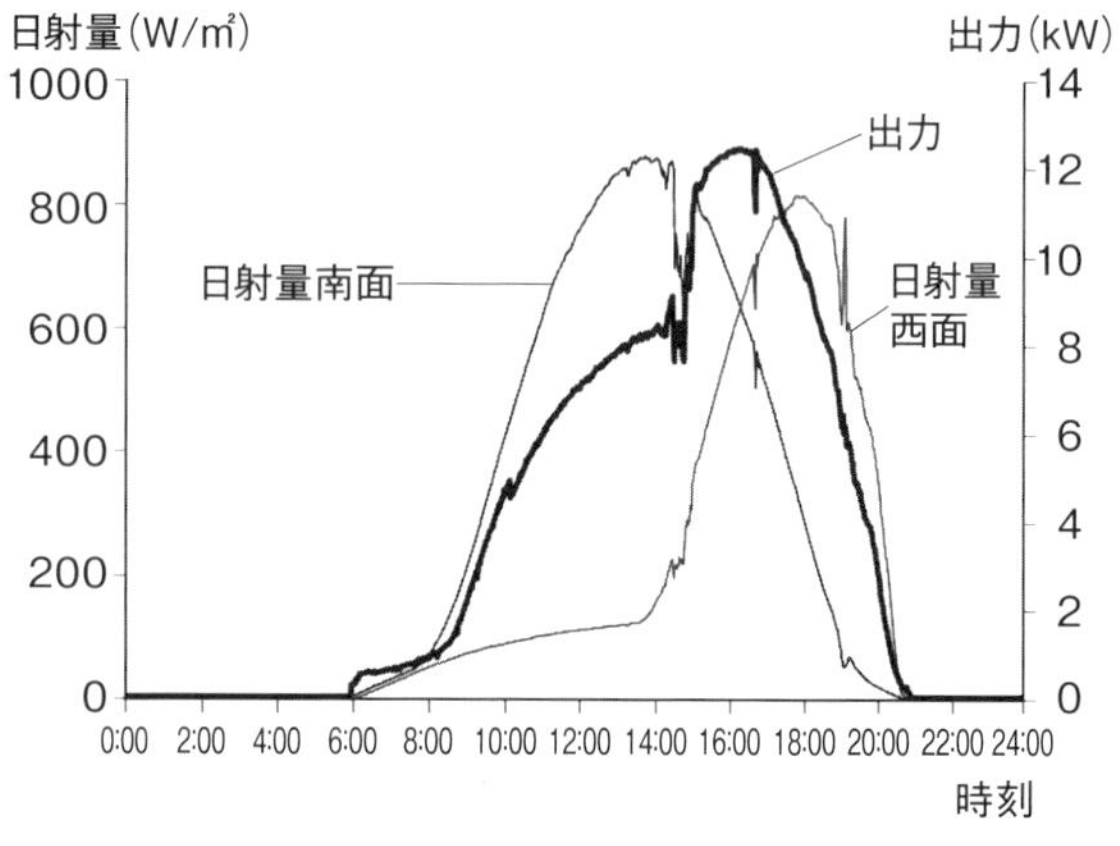

図6-26　サルビアの太陽電池の出力の例

## 参考文献

City of Helsinki, Ministry of The Environment, Eco-Viikki Aims, Implementation and Results, 2005（ヘルシンキ市、フィンランド政府環境省「エコ・ヴィーッキ　その目的、実施と結果」二〇〇五年）

Helsingin kaupunki, Eko-Viikki Seurantaprojektin loppuraportti, kaupunkisuunnitteluviraston julkaisu 2004:10（ヘルシンキ市「エコ・ヴィーッキモニタリングプロジェクト最終報告書」二〇〇四年）

EkoViikki, Ryhmärakentamistontit Versokuja 5-10, Tavoitteet, toteutus ja tulokset. Helsingin kaupunki, talous-ja suunnittelukeskus, 2008（ヘルシンキ市経済計画センター「エコ・ヴィーッキ セルフビルド住区の計画と結果」二〇〇八年）

Motiva, Ekoviikki, Tavoitteiden ja tulosten erot energiankulutuksessa, 2008（モチバ社「エコ・ヴィーッキ エネルギー消費量の目標と実績との乖離」二〇〇八年）

Solpros, Ekoviikin EU aurinkolämpöjärjestelmien jatkoseuranta, Loppuraportti, 2004（ソルプロス「エコ・ヴィーッキＥＵ太陽熱利用プロジェクト追跡調査」二〇〇四年）

Heidrun Faninger-Lund, Peter Lund: WORLD'S NORTHMOST SUSTAINABLE CAPITAL: HELSINKI VIIKKI URBAN ECOLOGICAL AREA AND ITS SOLAR PROJECTS, ISES 2003 Solar World Conference, June 2003（ハイデン・ファニンガールンド、ペーテル・ルンド「世界最北のサステイナブルな首都：ヘルシンキ市ヴィーッキのエコロジカル区域と太陽エネルギー利用プロジェクト」ＩＳＥＳ太陽エネルギー利用国際会議、二〇〇三年）

Helsingin kaupungin tietokeskus, tutkimuskatsauksia 2004, Residents mostly pleased, but public services could be closer（ヘルシンキ都市センター「住民は概ね喜んでいる。しかし、公共サービスは不十分」研究報告二〇〇四年第三号）

## エピソード フィンランドサウナ協会

フィンランドはサウナ発祥の地である。ぜひ、ヘルシンキで本物のサウナに入ってみたいと思い、ヘルシンキ市都市計画局の方に相談したら、ヘイッキ・リンネ氏の上司の部長さんが「フィンランドサウナ協会」に連れて行ってくださることになった。

その協会はサウナの伝統と文化を守るために設立され、市の中心部から四キロメートル離れた島にサウナの施設を設けている。月曜と金曜は女性専用で、男性は火曜から木曜まで利用できる。

当日の午後三時、その部長さんの部屋を訪ねたら、いきなり、「フィンランド人の半分はサウナで生まれるのですよ」と言われた。お産をサウナでするのは、今でも珍しくないそうだ。

早速、リンネ氏の車でその施設に向かった。サウナ協会の建物は海に面した敷地にあり、六つのサウナとラウンジ、海に面した庭がある。六つのサウナとは、薪を炊く二つのスチームサウナ（温度は七〇～八五度、一一〇～一三〇度）、三つのスモークサウナ（八五～一〇〇度、九五～一一五度、一二〇～一四〇度）、一つは電気式（八五度）である。

フィンランドサウナ協会

フロントで、今日はスモークサウナに入れますよと言われた。スモークサウナというのは薪の煙でいぶしながら温めるので、準備に八時間くらいかかり、毎日は入れないそうだ。

更衣室で服を脱ぎ、シャワーを浴び、はじめに普通のスチームサウナ（七〇～八五度）に入った。室内は薄暗く、床も壁もベンチも木製でシンプルな作りである。五分ほど入ってから、一度シャワーを浴び、今度はスモークサウナに入ることになった。温度は高中低のどれがいいですかと聞かれたので、せっかく本格的なサウナに入るのだからと、一番高温の部屋を希望した。するとさすがに、ドアを開けた途端に高温が肌に感じられ、床やベンチは肌に触れるのが我慢できないくらいの熱さであった。部長さんより先に降参したくはなかったのだが、我慢しきれず、三分も経たないうちに白旗を上げてしまった。

またシャワーで汗を流し、タオルを巻いたまま、ラウンジで乾杯した。何人もの男性が、新聞を広げたり、仲間と談笑したり、のんびりとくつろいでいる。窓の外は海に面した庭で、木製のデッキチェアが並んでいる。海面まで突き出た桟橋もあり、そこから海面に降りられる。

部長さんと庭に出て、タオルを巻いたまま、その桟橋の先端まで行き、タオルを部長さんに預けて、海に浸ってみた。水温は一五度くらいで、やや冷たいのだが、ひんやりと心地よかった。海水を口に含んだら、塩分濃度は少し低かった。その後でデッキチェアに身体を委ねた。午後の陽射しを浴び、周囲の林からの微風を受け、野鳥のさえずりを聞きながら、しばし無為な時間を過ごした。さわやかな風を受けていると、自分も自然の一部になったように感じた。

サウナとは熱い蒸し風呂で、爽快感が魅力だと思っていたのだが、本物を体験してみると、むしろ、ゆったりと自然との一体感を味わえるところに醍醐味や民族に愛されている理由があるのではないだろうか。

# 第7章　エコ・ヴィーッキの意義

モリフクロウ（ハンヌ・サルバンネ画）　毎年、エコ・ヴィーッキの近くで繁殖する。

## ① どんな成果が得られたか

### ▼研究開発アイデアの実験場

エコ・コミュニティプロジェクトは、研究開発の成果を適用し、実際にエコロジカルな技術をテストする機会を提供するために始まった。

モニタリング調査の報告書では、在来の住宅に対して、エコ・ヴィーッキで導入された技術を表7-1のように紹介している。換気方式では四方式が採用され、暖房の方式では通常の温水によるラジエーターか床暖房が採用され、浴室に床暖房を設けた住戸は約三分の一あった。

表7-1で紹介されたのは設備分野の装置や機器であるが、エコ・ヴィーッキではエコ・クライテリアに沿って様々な創意工夫が図られ、新しい試みが採用された。表7-2は、それらを筆者が整理したものである。装置や機器以外の計画や設計の領域で様々な手段が実施されたこと、建築の計画や設計、建築構造や建築材料など、建築設備以外の広範な分野が参加している。

さて、気候条件や立地、住宅の形式などの物理的条件に加え、入居者も同じような家族形態や行動様式であれば、技術を比較した結果は説得力を増す。モニタリング調査の報告書では、熱回収装置（熱交換器）の効果は大きく、住棟で集中管理するセントラル方式の方が、住戸ごとに運転が制御される方式よりエネルギーの削減率が高かった。ただし、それは、

表7-1　エコ・ヴィーッキで採用した技術

| | 名称 | 戸数 | % |
|---|---|---|---|
| 換気 | セントラル機械式吸排気（熱回収装置付） | 220 | 35 |
| | 戸別機械式吸排気（熱回収装置付） | 205 | 33 |
| | 機械式排気 | 133 | 21 |
| | 重力式換気 | 69 | 11 |
| 暖房 | 温水のラジエーター | 583 | 93 |
| | 温水の床暖房 | 44 | 7 |
| | 浴室に温水の床暖房 | 199 | 32 |
| 太陽熱による地域暖房システム | | 412 | 66 |
| 共同サウナ | | 348 | 56 |

## 表7-2　エコロジカルクライテリアの目標系と手段

<table>
<tr><th colspan="4">目標系</th><th colspan="2">手段</th></tr>
<tr><th>区分</th><th>大項目</th><th>中項目</th><th>小項目</th><th>対応装置・機器</th><th>計画・設計技術</th></tr>
<tr><td rowspan="11">PO<br>汚染</td><td>①二酸化炭素</td><td colspan="2">エネルギーの使用量の削減</td><td>→NA ①②③</td><td>→NA ①②③</td></tr>
<tr><td rowspan="3">②水</td><td colspan="2">水の循環利用</td><td>排水浄化設備</td><td></td></tr>
<tr><td colspan="2">雨水の利用</td><td>雨水貯留漕、<br>手漕ぎポンプ</td><td></td></tr>
<tr><td colspan="2">節水型器具の採用</td><td>節水型器具、<br>使用量の可視化</td><td></td></tr>
<tr><td rowspan="4">③建設<br>廃棄物</td><td colspan="2">建設廃棄物の分別</td><td>分別用コンテナ</td><td></td></tr>
<tr><td colspan="2">加工度の高い部材の使用</td><td></td><td>プレファブ化</td></tr>
<tr><td colspan="2">建材の再利用</td><td></td><td></td></tr>
<tr><td colspan="2">搬入建材の梱包の簡略化</td><td></td><td>施工計画</td></tr>
<tr><td rowspan="2">④家庭ごみ</td><td colspan="2">再利用のための貯蔵スペースの確保</td><td>物置</td><td></td></tr>
<tr><td colspan="2">生ごみの堆肥化</td><td>コンポスター、<br>堆肥枠</td><td></td></tr>
<tr><td>⑤エコラベル</td><td colspan="2">環境負荷の少ない製品の使用</td><td>エコラベル製品</td><td></td></tr>
<tr><td rowspan="18">NA<br>天然<br>資源</td><td rowspan="5">①熱エネル<br>ギー</td><td colspan="2">建物の断熱性能の向上</td><td>断熱材、<br>断熱ガラス</td><td>北面に緩衝ゾーン</td></tr>
<tr><td colspan="2">吸排気の熱交換</td><td>熱交換器</td><td>吸気の予熱ゾーン</td></tr>
<tr><td colspan="2">必要な箇所だけ暖房</td><td>遠隔自動制御</td><td></td></tr>
<tr><td colspan="2">熱エネルギーの蓄積</td><td>サンルーム</td><td></td></tr>
<tr><td colspan="2">熱エネルギーの生成</td><td>太陽光集熱器</td><td></td></tr>
<tr><td rowspan="3">②電力</td><td colspan="2">省エネ型機器の採用</td><td>省エネ型機器</td><td></td></tr>
<tr><td colspan="2">必要な箇所だけ使用</td><td>遠隔制御</td><td></td></tr>
<tr><td colspan="2">電力の生成</td><td>太陽光発電</td><td></td></tr>
<tr><td rowspan="6">③1次エネ<br>ルギー</td><td colspan="2">建材の製造エネルギーの削減</td><td></td><td>天然材料の使用</td></tr>
<tr><td colspan="2">建材の輸送エネルギーの削減</td><td></td><td>地産地消</td></tr>
<tr><td rowspan="4">建物の使用期間に使われるエネルギーの削減</td><td>暖房・電力エネルギーの使用量の削減</td><td>→NA ①②</td><td>→NA ①②</td></tr>
<tr><td>修繕や改変が容易な方式の採用（可変容易性の確保）</td><td>デュアルビーム構造</td><td>モジュール化、<br>構造体と内部構造の分離</td></tr>
<tr><td>部材の耐久性を高める</td><td>高耐久性建材</td><td></td></tr>
<tr><td>通勤・通学輸送量の削減</td><td>ホームオフィス</td><td></td></tr>
<tr><td rowspan="4">④空間利用</td><td colspan="2">陸地利用面積の削減</td><td></td><td>高層化、<br>コンパクト化</td></tr>
<tr><td colspan="2">家族の成長に対応できる間取りの採用</td><td></td><td>→可変容易性の確保</td></tr>
<tr><td colspan="2">洗濯室や浴室の共用化</td><td>共同洗濯室、<br>共同サウナ</td><td></td></tr>
<tr><td colspan="2">多目的に使える空間を用意</td><td></td><td>多目的空間化</td></tr>
</table>

表7-2　エコロジカルクライテリアの目標系と手段(続き)

| 目標系 | | | 手段 | |
|---|---|---|---|---|
| 区分 | 大項目 | 小項目 | 対応装置・機器 | 計画・設計技術 |
| HE<br>健康 | ①屋内気候 | 有毒または有毒の恐れのある建材の禁止 | | 安全な材料の指定 |
| | ②湿気 | 水回り空間の乾燥 | 浴室などの床暖房 | 通風性能の確保 |
| | | 雨水排水能力の向上 | | 排水計画 |
| | | 床下空間の換気性能の向上 | | 床下の喚気性能、床下を予熱ゾーン化 |
| | | 基礎構造の防湿性の向上 | | 基礎構造設計 |
| | ③騒音 | 外壁、床、壁の遮音性能の向上 | | 住棟・住戸設計 |
| | ④風と日当たり | 防風対策の実施 | | 防風林、植樹計画 |
| | | 住戸と屋外空間の日照を確保 | | 配置計画 |
| | ⑤間取り代案 | 住戸・間取りの選択肢の多様化 | | 住戸計画、<br>地域性の考慮 |
| | | 設計時に入居者の要望を配慮 | | 人間中心設計、<br>セルフビルド方式 |
| | | 住戸・間取りの改修が容易な方式を採用 | | → NA ③ |
| BI<br>生物多様性 | ①樹種選定 | 周辺地域の自然植生のタイプに準拠 | | 樹種選定 |
| | ②雨水管理 | 雨水の利用 | → PO ② | 排水計画 |
| | | 雨水は可能な限り地中に浸透 | | 排水計画 |
| | | 地表の浄化作用を利用 | | 排水計画 |
| | ③その他 | 陸地利用面積の削減 | | → NA ④ |
| SU<br>食糧生産 | ①栽培 | 敷地内の樹種に果樹を含める | | 植樹計画 |
| | | 居住者が耕作できる区画を用意 | 貸農園 | 配置計画 |
| | ②表土 | 掘削土壌の敷地内利用 | | 配置計画、<br>施工計画 |

定められた時間のみ運転するセントラル方式と違って、住戸別に運転する方式は運転された時間が長かったためではないか、というように、実験室では確認しにくい実情を加味して、それぞれの方式の実績を比較した。

太陽熱の利用も多くの住戸で採用されたが、これは新しいシステムの普及を目指すEUの助成制度があって実現にいたった。社会の要請に基づく新しい分野の技術は、公的な助成を受けられる機会に恵まれる傾向がある。また、世の中から注目されているプロジェクトであれば、多くの参加者が集まりやすい。

また、共同のサウナや洗濯室は、技術的に新奇性は無いが、エコロジーに貢献する技術の実験という目的のもとに施設を作り、それが人々に受け入れられるか否かということがテストされた。この場合、テストされたのは技術ではなく、人々の行動様式や判断のメカニズムであった。

実は、筆者は当初、建築や設備システムの分野で技術開発力があり、新技術や新製品のテストが盛んに行われている日本では、わざわざこのような居住者を巻き込んだ実験の場が要るだろうかと思っていた。しかし、特にモニタリングの過程で、複数のシステムを同一条件のもとで比較すること、カタログデータでは示されないし開発者も想定しなかったような問題が発見されること、システムの新しい方式が人々に受容されうるか否かという問題が明らかになることなどがわかり、このような実験場は大変に意義のあることだと考えを改めた。

モニタリング調査の補足調査では、不必要な加熱が九・三％あったと指摘されたが、その事実は、設備機器本体ではなく、運用の仕組みを改善するシステムが開発されれば、大きな省エネルギー効果を期待しうることを示唆している。このような新しい開発課題や着眼点を発見することにも結び付く。

## ▼エコロジカルな住宅の完成

このプロジェクトでは、二回のコンペティションを実施し、エコ・クライテリアを作成し、二三の住区の全住棟の設計内容を審査し、敷地の譲渡や建設工事を経て、実際にエコロジカルでサスティナブルな住宅八〇三戸を完成させた。このこと自体、建築技術の歴史においても、世界の地球環境としても、非常に大きな成果である。

## ▼高い省エネルギー効果

モニタリング調査によって、ヘルシンキ市の住宅の平均的な建物に比べ、暖房エネルギーの消費量は二五％、二酸化炭素の排出量は二〇％少ないことが確認された。

プロジェクト報告書は、意欲的な目標とエコロジカルなクライテリアさえあれば自動的に望ましい最終結果が得られるのではなく、具体的なモニタリングとフィードバックのメカニズム、そして知識と目標、責任が、建設生産過程の全体に行きわたることが不可欠であったと述べている。

日本でも、一九七〇年代に実施された「工業化工法による芦屋浜高層住宅プロジェクト提案競技」以来、数多くの大型プロジェクトが住宅に関する技術開発の起爆剤となってきた。提案競技（コンペティション）ということで、最先端の技術を競い合うだけでなく、物的特性や入居者による評価まで広範囲に調査が実施され、実務にフィードバックされて、実用技術として確立された例は少なくない。

## ▼エコ・クライテリアとガイドラインの作成

エコ・クライテリアはエコロジカルな住宅のあるべき姿を示した。そして、ガイドラインも作られた。それらは設計内容を検討する物差しとなって、エコ・ヴィーッキのすべての住宅に適用された。クライテリアはその後、ラトカルタノ地区の第三期開発をはじめ、ヴィーッキ地区の他の開発でも適用された。それらは、今後の都市計画や建築行政、建築の設計にとっても大きな知的資産となった。

エコ・クライテリアの作成者は、対象とする計画地の特性や事情、社会的環境の変化に適用できるように、ウエイトを考慮する仕組みを取り入れた。それでも、はるか遠くの日本からみると、住戸密度があまりにも異なることや、気候条件も異なること、設計や許認可の自由度などの背景や事情が大きく異なる。もし、日本で適用するクライテリアを作るとすれば、各項目の基準値はもちろん、評価項目の体系も、そしてエコロジーに対する定義すら組み立て直さないとならないであろう。

ところで、建築基準法や学会の指針や基準などの「規定」は、仕様規定と性能規定に大別される。仕様規定は寸法や形状などを具体的に記述する方式、性能規定は要求する性能（機能）と性能の照査方法を明らかにする方式で、従来は仕様規定が主流であったが、近年は性能規定が導入される傾向がみられる。性能規定に改めると、従来の仕様（形、材質）にとらわれない新しい技術の開発や多様な設計が可能となり、品質向上やコスト削減をもたらすことが期待できるためである。

エコ・ヴィーッキのエコロジカルクライテリアは、仕様規定と性能規定が混在しているが、技術革新や創意工夫の促進、コスト削減という観点からは、可能な限り性能規定を用いることが望ましい。

## 2 どんな意義があったか

### ▼フィンランドの建築の方向

フィンランドでは、エコ・ヴィーッキのプロジェクトの意義がどう考えられているのだろうか。第一回と第二回のコンペに専門家として参加し、実際に二チレイニキのパッシブソーラーハウスで二年間暮らした経験のあるアアルト大学ペーテル・ルンド教授（応用物理学科・新エネルギー技術専攻）の研究室を訪ね、お話を伺った。

写真7-1　ペーテル・ルンド教授

**Q　フィンランドの建築が目指すべき方向とは、どのようなものですか？**

A　現在のフィンランドにおける建築が目指すべき方向は、EUのエネルギー政策にも影響を受けています。私たちは、二〇二〇年以降、この寒冷なフィンランドにおいてさえ、新築される建物はほとんどゼロエネルギービルになると考えています。

なぜ建物のエネルギー使用が重要かというと、それが人々の消費するエネルギーの四〇～五〇%、二酸化炭素の排出量も全排出量の約半分を占めるからです。建物は気候変動緩和の鍵となる分野なのです。

**Q　エコ・ヴィーッキプロジェクトは、それに貢献しましたか？**

Ａ　このプロジェクトは大変にパイオニア的なプロジェクトでした。専門的な観点からいうと、ヨーロッパでの初めての実証的なプロジェクトであり、特に太陽熱エネルギーが本格的に導入されたことに意義があります。プロジェクトが始まった一九九〇年代後半としては非常に挑戦的な目標を掲げたため、人々は成功することに懐疑的でした。にもかかわらず、大勢の関係者の努力によってこのプロジェクトは完成し、この実験的なプロジェクトはサスティナブルな開発の実現が可能であることを実証したのです。その結果、エコ・ヴィーッキプロジェクトは、フィンランドにおける建築が目指すべき方向を示しました。つまり、基本的な方向性はエネルギーの効率性と再生可能エネルギーの利用、廃棄物の最小化です。

**Q　サスティナブルな開発を推進するには、どんなことが必要ですか？**

Ａ　エコ・ヴィーッキの経験を踏まえて、また二酸化炭素の排出量の半分が建物に由来することを考慮すると、都市におけるエネルギー消費や二酸化炭素の排出量の解決策が鍵になると思います。

（インタビュー二〇一一年五月二七日）

**▼サスティナブルな建築の実証**

専門家は、技術の妥当性やそれが成立する条件を概ね理解できるので、情報だけから、実現性や完成した姿を頭の中で思い描くことができる。しかし、一般の大多数の人々にとっては、それは無理なことで、完成した姿とその影響を想像することは難しい。

やはり、実際に建物が作られ、そこに人間が住むことは、大きな価値があり、インパクトを与える。世界中に張り巡らされたネットワークによって膨大な情報が迅速に飛び交う現代社会ではあるが、情報は誰かによって作られてからでないと羽ばたくことすらできない。その点、実証的なプロジェクトは、完成した姿だけでなく、その過程や、関係者の想いや競争のドラマなど、多くの材料が発信力を持っている。

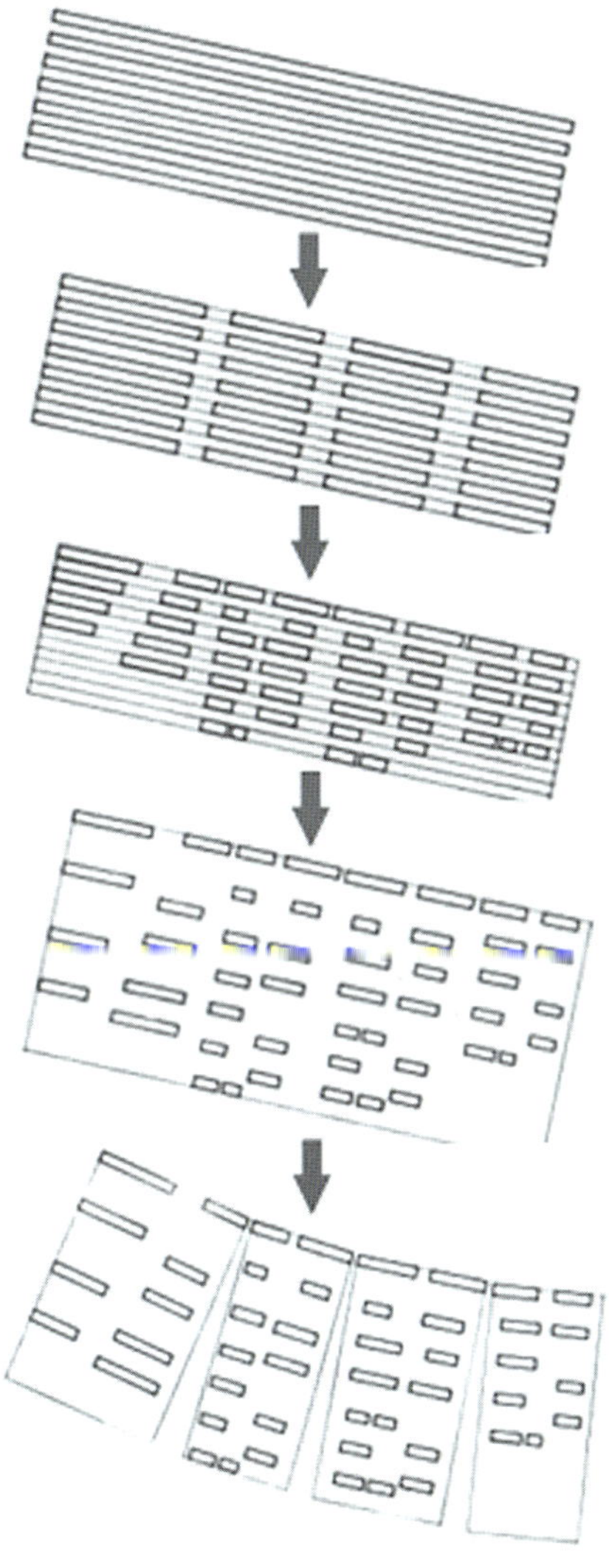

図7-1　住棟配置の発想過程

### ▼創造力の喚起と知識の普及

開発プロジェクトや実験的な建築、コンペティションなどで、新しい課題や競争状態に直面すると、関係者は全力で解決策を模索する。火事場に遭って、普段使わない能力と意欲が発揮される。

図7-1は、都市計画コンペティションで優勝したペトリ ラークソネンが送ってくれた彼の住区のレイアウトに関する発想の過程のスケッチである。西地区と南地区の住棟配置が、最上段の整列した状態から、しだいに展開され、五度の角度の広がりを持つ空地を各ブロック間に入れると、彼の描いた応募案の配置となる。このスケッチは、優勝案の配置パターンが彼の独創によるものであることを物語っている。彼が応募したのは、大学の修士課程を修了して間もない時であった。長いあいだ専門分野に関わると、知識が豊富に蓄えられるが、逆にそれは既成概念となって、発想力の泉に蓋をしてしまう作用もある。

### ▼高い評価

エコ・ヴィーッキのプロジェクトは国際的にも高く評価され、二〇〇七年には、パリで開催されたエコビルディングの国際会議でグランプリ、マルメ（スウェーデン）での北欧都市開発会議で最優良サスティナブルシティ賞に選ばれた。

また、それが契機となって、都市や地域開発の事例を集めたサイトで紹介されている。

### ▼高い生活の質

プロジェクト報告書は、「住宅の自然光の豊富さと屋外の共有空間の植樹は、居住者から無条件の称賛を受けました。このような単純な手段を通して、エコロジーから新たな価値を産みだすことができ、生活の質を改善することができたということは、記しておいてよいと思います。（中略）エコロジー的な視点から作られた解決策はその区域に明確な個性を与え、居住者の自主性と共同体意識を増大し、共有の屋外空間の暮らしを加え、すべての年齢の居住者が屋外で過ごす時間を増やしています。緑が成長するにつれて、作られた自然の勢いと種類の豊富さは強められるでしょう。そして区域全体のエコロジカルな特徴はもっと強くなるでしょう。エコロジーは、安全と健康、快適性のような、良い建物の基準の一つになっています。」と述べている。

エコロジーから求めた住宅地のあるべき姿は、エコロジーの領域を超えて、豊かな暮らし方をもたらした。

## 3 そこは楽園だった

筆者は二〇一一年五月下旬の土曜日の早朝に、ヘルシンキ中央駅からラトカルタノ行きのバスに乗り、西地区のカモミラ託児所に近いバス停で降りた。バス通りと垂直方向に住区の中に入っていくと、そこは中庭で、まだ人影は無く、白やピンクの花が咲き誇る樹木や、貸農園の区画に芽吹いたばかりの作物、物置小屋やブランコなどの遊具が目に入ってきた。中層住棟からはガラス張りのサンルームが張り出していて、その窓ガラス越しに室内のソファや植木鉢が見えた。中庭から緑道に進むと、木造のテラスハウスが並び、やがて貸農園や歩行者路、樹木の豊富なグリーンフィンガーに達した。「市民農園と団地が合体したような所だ」というのが筆者の現地踏査の第一印象だった。

写真7-2　花木に囲まれた中層住棟

写真7-3　緑道付近のテラスハウス

写真7-4　グリーンフィンガー

写真7-8　砂場で

写真7-5　犬の散歩

写真7-9　ブランコ

写真7-6　ピクニックに向かう家族

写真7-10 陽だまりの草原で、いざ読書

写真7-7　親子でサイクリング

### ▼緑豊かな住環境

住宅地の中を歩いていくうちに、犬を散歩させている人たちに出会うようになり、やがて家族総出で農作業をしている人たちや、小さな子供数人とピクニックに向かう家族、親子でサイクリングをしている人たちとも出会った。家族同士で自宅周辺を一緒に歩いたり、農作業に取り組む姿は、ここでは当たり前の光景である。

日本では、二〇〇六年に女性が産む子供の人数（合計特殊出生率）が一・二六人と少なくなったことが話題となり、子供の数は少ない家族が多いが、エコ・ヴィーッキでは子供が複数の家族を見かけることが多い。「ここは子育てに適した場所なのだ」というのが、二番目に受けた印象であった。

住区の中庭では、幼児たちだけで伸び伸びと遊んでいる。住区内は自動車事故の心配がなく、遊び場も豊富で、誰かに見守られている安全な場所なのであろう。親子で園芸やサイクリングを楽しむ姿が見られるのは、貸農園や緑道、スポーツ公園などの緑地が住戸周辺に豊富なためである。

豊富な緑地や安全な遊び場は、エコロジカルな住宅地を目指した結果として生まれた。エコロジーを追求することは、子育てに適した環境を作ることでもあったのだ。

スポーツ公園の草原でエコ・ヴィーッキを遠望していたら、一人の少女が自転車でやってきて、近くにシートを広げ、読書を始めた。彼女の姿は草原の中に隠れて見えなくなった。そのように屋外空間を住居の空間のように使う光景を、筆者は日本では見たことがなかった。生活が自然の中に深く溶け込んでいるように感じた。

### ▼家族の絆と共同作業

恋人同士でも親子でも、ただ時を楽しく過ごすよりは、共通の目的に挑み、様々な障害を克服する方が結びつきは強まる。農園で共に汗を流し、収穫を喜び、食卓を囲むことは、家族の幸福にも貢献しているに違いない。そういう意味では、農園は家族の幸福を作る装置でもある。

長い間、世界の家族関係を調べてきた佐藤友美子さん（財団法人サントリー文化財団 上席研究フェロー）は、「日本では、家事や教育は、家庭の外部にアウトソーシングされてしまい、その結果、自分の子どもとの関係が薄れ、子どもがどういう状況か、どんな悩みを抱えているかもあまり把握されていないのです。」と述べている。家庭だけでなく、多くの組織で、効率化や合理化を求めて進められたアウトソーシングや分業化は、労働を部品化し、働くことの喜びや手ごたえを失わせた。

## ▼細分化された空間・時間・人間関係の再構築

米国の未来学者アルビン・トフラーは『第三の波』の中で、狩猟や遊牧で土地を移動しながら暮らしていた人間が、農業社会（第一の波）で土地に拘束されはじめ、工業社会（第二の波）では工場や商店、事務所など目的別に細分化された空間で時間の拘束を強く受けて働くようになったが、情報化社会（第三の波）ではそれから解き放たれると文明史を概観している。エコロジーが求められるようになった背景は、大量生産や都市化によるエネルギーの大量消費や環境破壊など第二の波がもたらしたものであった。エコロジー社会の追求は、第二の波で細分化された空間や人間関係から自己回復する行為でもあるのではないだろうか。

筆者には、エコロジカルクライテリアの項目に食糧生産が入っていることが奇異に感じられたが、エコロジー社会の追求の意味を「細分化された空間・時間・人間関係の再構築」と考えると納得できる。

一九九四年にヘルシンキ市で開催されたエコ・コミュニティプロジェクトのセミナーで、エーロ・パロハイモ氏が述べた「エコロジー社会の基準」（第1章参照）は、エコロジー社会が目指すのは人間社会が分業とアウトソーシングから自己回復する社会であることを明確に示している。エコロジー建築は、省エネルギー技術をまとった建築にとどまらず、暮らしや社会経済の在り方を問うものであったのだ。

## 4　私たちは何を学ぶべきか

### ▼エコロジカルな住宅のあるべき姿

エコ・クライテリアは、エコロジカルな住宅（地）のあるべき姿を示すものである。もし、日本でそれを作ったら、どのようなものができあがるだろう。

ピンバグ委員会では、エコロジーの定義から議論を始め、「自然中心」と「人間中心」の二つの観点の間で激しい議論が展開された。もともとエコロジーとは「生態学」を指す言葉であったから、自然中心の立場が出発点となったことは当然であろう。また、「森の民」とも呼ばれるフィンランド人は、自然の中で暮らすことを好む。夏休みともなれば、一か月以上を森の中の「夏の家」で過ごす人は多い。

それに対して、都市化の歴史が古く、無垢の自然と接する機会を持つ人が少ない日本では、自然中心派の声は小さいかもしれない。一方で、古くからリユースやリサイクルの工夫も重ね、四季のしつらえなどの生活習慣を持つ日本では、ピンバグシステムとは大きく異なる評価体系が作られるに違いない。現代の日本で、それぞれの地域で、どのような姿を描けるのだろうか。

### ▼集団的創造性

総人口が約二五〇万人のフィンランドに対して、日本の総人口は五〇倍以上である。大学の建築学科の卒業生の八〇%以上が所属するといわれるフィンランド建築家協会の会員数は約三千人で、建築の専門家の人数は四千人を上回ることはないであろう。一方、日本では、日本建築学会の会員数は三万五千人、建築家協会は三千人で、どちらも加入者の率はわからないが、少なくとも建築の専門家は一〇倍以上存在する。

その少ない人数の中で、エコ・ヴィーッキプロジェクトのリーダーたちは、仕事の目標や成果を安易にビッグネームに委ねるのではなく、従来のプロジェクトの進め方を白紙に戻し、自分たちの頭脳や手足を使って、それらを組み立てる枠組みを作り、実際に多くの頭脳を結集させて、住環境や住宅を創造し、実現させていった。

コンペに先立ってセミナー（シンポジウム）を開催して周辺領域にまたがるトップレベルの知識を示し、コンペを実施し、クライテリアやガイドラインが作られ、住宅が建設され、モニタリング調査を行ってその質を確認し、目標に到らぬ箇所は原因を究明して改善した。

コンペの過程を記録に残して、関係者に知識を普及させるとともに、専門知識を前進させる礎として活かしている。

リーダーたちがデザインしたプロジェクトの進め方（枠組み）は、見事に実を結んだ。集団としての創造性を発揮した仕事の進め方も、学ぶ価値の大きいものであろう。

## エピソード　夢無きところ民滅ぶ

ペトリ・ラークソネンの住むトゥルクに行くため、ヘルシンキ中央駅から急行列車に乗る際に、その中央駅の隣のビルの二階の窓に「People with vision create future」という言葉が掲げてあるのを見つけた。

それは、世界的な会計事務所の広告なのだが、私は三〇年以上前の体験を思い出した。その頃、私は、ある公益法人の広島県K市の地域活性化というプロジェクトに参加していて、その方策についてK市の企画担当の方たちと議論を重ねていた。K市に行く新幹線の車中で読んだ、中島正樹著『地球時代の構想力』の冒頭に書かれた「まぼろし無きところ民滅ぶ」（旧約聖書ソロモンの箴言）という言葉を紹介したところ、プロジェクトのメンバー一同に共感され、以後、その別の訳である「夢無きところ民滅ぶ」が、同プロジェクトの合言葉となり、メンバーの結束力が高まっていった。なお、英語版の旧約聖書では「Where there is no vision, people perish.」と書かれていた。

やはり旧約聖書の創世記には、「バベルの塔」の物語がある。神に挑戦しようと巨大な塔を建設し始めた人間に対して、神は人々に違う言葉で話させるようにして混乱させ、人々は散って行ったという話であるが、ある人は言葉の混乱でなく、ビジョンの喪失がプロジェクトを崩壊させたのではないかと解釈していた。三千年以上前に作られた言葉や物語が、現代でも生き続けている。

People with vision create future

# あとがき

## エコロジー?

筆者は、エコ・ヴィーッキについて調べ始めてから、「エコロジー」の概念や解釈が人によってかなり異なることに気付いた。そこで、インタビュー調査では、「エコロジーとは何ですか?」と全員に訊ねてみた。それに対する答えを紹介すると

- リーッタ・ヤルカネン（ヘルシンキ市都市計画局）「もし私が建築との関係でエコロジーを考えるなら、それは可能な限り環境にほとんど負荷を与えない建物を意味します。それは自然と環境とのバランスを保つ建築と生活です。」
- アイラ・コルピヴァーラ（フィンランド政府環境省）「生活の仕方の調和であると思います。私たちは生活するためにより少ないエネルギーを使うべきです。エコロジーは自然と日常生活の良いバランスです。」
- ペトリ・ラークソネン（建築家）「エコロジーとは廃棄物や資源、材料の使用を最小限にすることだと思います。最近ではエネルギーの使用量を最小化する話題が多いですね。フットプリントのことも話題になっています。私はそのことを、設計や建設の基本的な原則だと考えています。」
- アフト・オッリカイネン（建築家）「サスティナブルであり続けることではないでしょうか。建築ということに限って言えば、汚染物質を排出しないこと、資源やエネルギーをたくさん消費しないことで、ヴィーッキプロジェクトとの関連からすると、スペースレイアウトのフレキシビリティを増大させ、本当に必要なものしか作らないということもエコロジーだと思います。」
- アリ・ペンナネン（タンペレ大学）「エコロジーには多くの定義があります。けれども、私は「人間中心の観点」に立ちます。それは、子孫に残すためにどんな環境を求めるかということです。」
- サンナ・アホネン（アアルト大学）「エコロジーそのものは、自然科学の概念に端を発していると思います。そして、サスティナブルなライフスタイルとか、サスティナブルな開発の影響といった事柄が人文社会科学に関わってくるのではないでしょうか。」

・ペーテル・ルンド（アアルト大学）「とても基礎的な概念ですね。日本で言われる「自然と調和した暮らし」に大変に近い概念だと思います。」

と、大変に広範囲な内容に及んでいる。

それらは、「自然との調和」あるいは「自然とバランスのとれた暮らし」を目的として、環境に負荷を与えない行動をすることであると括れるのではないだろうか。そして、フットプリントという概念がその物差しになりうるという意見にも留意しておきたい。

**考える力**

近年のフィンランドは、ＯＥＣＤの国際学力テストで上位の成績を示したことから、その学力の高さでも注目されている。それは、一九九四年に二九歳の若さで教育大臣に就任したオッリペッカ・ヘイノネン氏によって進められた大胆な教育改革に端を発している。ヘイノネン氏は、資源もこれといった産業もないフィンランドでは、「教育に投資することが未来を切り開く」と主張して、教師の資格を大学院の修士取得とし、教師と生徒の自主性と主体性を尊重する方式に改めた。サスティナブルデベロップメントの問題だけでなく、同じ時期に、教育の分野でも大きなドラマが進行していたのだ。日本では三〇歳未満の大臣が登場することは考えづらいが、若い人に伸び伸びと腕を振るわせる機会を与えないこと、その大きな成果を受け取れないことは、この国の不幸であろう。

エコ・ヴィーッキプロジェクトの担当者たちは、プロジェクトの進め方についても既存のやり方を白紙に返して、あるべき姿を追い求め、大勢の人々の知識と知恵を結集し、見事な成果を作り出した。その「考える力」と「挑戦する心」こそ、最大の成功要因ではないだろうか。

**住む人の幸福のための町づくり**

二〇一一年の春に現地踏査やインタビュー調査の準備を始めた頃、東日本大震災が発生した。そして現在では、被災地の復興のために「環境都市」や「環境配慮型都市」という目標が掲げられている。その具体策として、成長産業と目される大規模な植物工場や蓄電池工場の誘致、大型の太陽光発電所の建設、情報通信技術を使った制御方式の導入などが挙げられている。被災地に雇用が生まれるのは喜ばしいが、それらは、そこに住む人々の直接的な幸福につながるのだろうか。

エコ・ヴィーッキでは、家族が集い、その笑顔があふれる光景に接したが、それが緑地や農園の確保、育児に適した空間など、第二の波で細分化された空間・時間・人間関係の再構築がもたらしたものであることを考えると、まず、より直接的に居住者の幸福につながる策を講じるべきではないだろうか。子育ての楽園に大勢の若い家族が暮らし、着実に人口が増えてゆくことが復興の根幹ではないだろうか。

本書は多くの方のご支援と助力のもとに完成に至った。フィンランド政府環境省、ヘルシンキ市都市計画局、フィンランド建築家協会には、インタビューへの協力だけでなく、多くの資料も提供していただいた。在フィンランド日本大使館の岩藤俊幸公使（当時）には、フィンランドの文化や人々の行動様式に関してご教示いただいた。竹中工務店の横山義隆さんと金崎登士巳さんには、実務的な立場からご指導をいただいた。ヘルシンキ市環境局からご紹介いただいたエコ・ヴィーッキの住人で鳥類学者、アマチュア画家のハンヌ・サルバンネ氏からはヴィーッキの生物に関するスケッチを多数ご提供いただいた。記して謝意を表したい。

共著者の吉崎恵子さんは、本書の原稿を提出されて間もなく、出張先のコペンハーゲンで客死され、その原稿は彼女の絶筆となってしまった。日本とフィンランドの文化の架け橋でもあった彼女のご冥福を心からお祈りする。

日本においても、エコロジカルでサスティナブルであるばかりでなく、笑顔があふれる住環境が創造されることを願ってやまない。

# 吉崎恵子さんを偲んで

宇治川正人氏が、現代のフィンランドの住宅プロジェクト、とくに、ヘルシンキ市で建設されたエコ・ヴィーッキプロジェクトに多大な関心を寄せられたことが、本書の発端となった。宇治川氏は、同プロジェクトの背景や計画内容、事後調査などに関する文献を収集・翻訳され、二〇一一年に実際に現地を訪れ、多くの関係者へのインタビューを実施された。そして、帰国後に、いくつかの専門技術誌に、その結果を報告されたことが本書刊行の下敷きになったと伺っている。

ヘルシンキ市での現地踏査や、インタビューするプロジェクト関係者の人選やスケジュール調整に関しては、日本生まれでヘルシンキ市都市計画局に勤務する建築家である吉崎恵子が、支援と協力を行った。そのインタビューを介して、宇治川氏は多くの専門家との知的ネットワークを築かれた。

エコ・ヴィーッキプロジェクトは、今後の都市住宅開発の分野で重要な意義を有すると考え、その実現に向けて、ヘルシンキ市は人的にも経済的にも多くの力を注いだ。そして、その結果についても極めて満足している。そして、フィンランド国内のみならず、国際的な水準においても恩恵をもたらすと考えている。このプロジェクトに関する書物が日本語で刊行されることは、我々にとっても非常に喜ばしいことであり、謝意も表したい。

これを成し遂げたのは、宇治川氏と建築家吉崎恵子の努力によるものであるが、本書の完成を待たず、吉崎恵子は、彼女の原稿を書き終えて間もなく、突然の病気で逝去してしまった。

彼女は、ヘルシンキ市都市計画局に四〇年近く勤務し、都市計画局の業務に優れた手腕と創造力を発揮し続けただけでなく、朗らかで積極的な人柄は、全ての同僚から愛され、慕われていた。

彼女は近年、ヴォサーリ地区の都市開発に従事していた。それは、住宅地以外に、貨物港やビジネスパークを含み、レクリエーションや自然保護などの用途も含む壮大なプロジェクトである。その中には、エコロジカルなエネルギー供給方式として期待されている石炭とバイオマスを燃料とする多燃料型の発電・地域暖房プラントの建設も含まれていた。彼女は、このプロジェクトの完成も目にすることはできなかった。

吉崎恵子の死は、ヘルシンキ市都市計画局にとっても、彼女のすべての同僚にとっても深遠な損失である。

二〇一二年一二月

ヘルシンキ市都市計画局タウンプランニング部 次長　アヌッカ・リンドロース

同ヴォサーリプロジェクト プロジェクトリーダー　イルカ・ライネ

[著者紹介]

**宇治川正人**(うじがわまさと)
1972年、東京工業大学大学院 (社会工学) 修了。1972 ～ 2011年、竹中工務店。2010年～、実践女子大学大学院　人間社会研究科　非常勤講師。博士 (工学)

著書〔いずれも共著〕:「縦型都市構想」海文堂出版 (1989.7)、「地域創造計画ハンドブック」鹿島出版会 (1990.6)、「魅力工学」海文堂出版 (1992.12)、日本建築学会編「建築空間のヒューマナイジング　環境心理による人間空間の創造」彰国社 (2001.9)、日本建築学会編「ユビキタスは建築をどう変えるか」彰国社 (2007.9)

**吉崎恵子**(よしざきけいこ)
1973年、法政大学工学部建築学科卒業。1973 ～ 74年、現代計画研究所。1974 ～ 2012年、ヘルシンキ市都市計画局。各種の基本計画、インフラ計画および地区計画を担当。

著書:〔共著〕日本フィンランド都市セミナー実行委員会編「ヘルシンキ／森と生きる都市」市ケ谷出版社 (1997.7)、〔訳〕ヨーラン・シルツ編「アルヴァー・アールト [illegible]スケッチ」鹿島出版会 (2009.1)

ISBN978-4-303-71210-5

**笑顔あふれるエコ・タウンの創造**

2013年5月20日　初版発行　

著　者　宇治川正人・吉崎恵子
発行者　岡田節夫
発行所　海文堂出版株式会社
本社　東京都文京区水道2-5-4 (〒112-0005)
電話 03 (3815) 3291㈹　FAX 03 (3815) 3953
http://www.kaibundo.jp/
支社　神戸市中央区元町通3-5-10 (〒650-0022)
日本書籍出版協会会員・工学書協会会員・自然科学書協会会員

PRINTED IN JAPAN　　印刷　田口整版／製本　小野寺製本